稻 麦 油菜
主要病虫害预测预报技术

DAO MAI YOUCAI
IUYAO BINGCHONGHAI YUCE YUBAO JISHU

武向文 主编

中国农业出版社
北 京

编 写 人 员 名 单

策　　　　划　朱建华

主　　　　编　武向文

副　主　编　芦　芳　田小青　沈慧梅　刘　敏
　　　　　　　成　玮

主要编写人员　武向文　芦　芳　田小青　沈慧梅
　　　　　　　刘　敏　成　玮　朱建文　张　琳
　　　　　　　江　涛　胡育海　顾士光　沈雁君
　　　　　　　蒋建忠　汪明根　甘惠諽　胡　永
　　　　　　　张玮强　卫　勤　顾慧萍　张正炜

主　　　　审　郭玉人

序 XU

　　"洪范八政，食为政首"，粮食生产的安全对促进农民收入增长、维护社会稳定有着极其重大的意义，确保粮食生产安全是农业农村工作至关重要的内容。然而，粮食生产安全却经常遭受着自然灾害的挑战，尤其我国人口众多，耕地面积有限，要确保粮食生产的安全需要充分应用科技手段，避免或减少自然灾害对粮食生产造成的损失。

　　纵观历史，威胁我国粮食生产的自然灾害主要有洪涝、干旱和病虫害等。就上海市而言，病虫灾害的威胁最为严重。要做好农作物病虫害的防控，准确及时的预测预报是前提。对农作物病虫害发生动态的预知和趋势的准确预报，可使防治工作有的放矢，有效提高防效，减少农药的使用，达到控害节本增效的目的。

　　近年来，上海市植保队伍人员变动较大，尤其是区、乡镇从事测报调查具体工作的技术人员。很多植保人员从其他岗位调整过来或者刚从学校毕业进入植保队伍，对病虫害测报工作感到力不从心，迫切需要相关的技术指导性书籍。为此，上海市农业技术推广服务中心组织编写了本书。

　　上海市农业技术推广服务中心是承担上海市农作物病虫害监测预警工作的职能部门，长期以来积累了大量的田间病虫害监测数据，以及比较丰富的实践经验。本书的编写由上海市农业技术推广服务中心牵头，各区农技中心长期从事粮食作物病虫害测报的技术人员参与，在总结预测预报实战经验和大量收集相关技术资料的基础上，围绕预测依据、调查方法、预测预报方法等三个方面编写了本书，涵盖长江流域水稻、小麦及油菜的 20 余种主要病虫害。每种病虫害的预测预报技术篇幅不大，但相关内容比较全面，既注重科学性，又体现实用性、可操作性和可推广性。相信本书的出版可为广大基层从事农作物病虫害预测预报的技术人员提供帮助。

上海市农业农村委员会副主任　

　　植物保护是确保农作物生产安全必不可少的工作，病虫害的预测预报是植物保护工作的核心和基础。做好病虫害的预测预报，是贯彻"预防为主，综合防治"的植保方针，树立"公共植保，绿色植保，科学植保"理念的重要环节。

　　预测预报工作是一项专业性很强的技术工作。近年来，我国农业机构为适应新形势发展需要不断进行改革和优化，植保队伍也随之不断调整，人员变化大，不断有新的力量充实进来。多地反映，很多植保人员由于岗位调整或者刚从学校毕业，缺乏实践经验，对病虫害测报工作感到非常吃力，尤其是区、乡镇从事具体测报调查的技术人员，对调查哪些内容、如何取样和调查、怎样预测预报等均茫无头绪，不知如何下手。为此，我们组织长期从事一线预测预报的工作人员根据工作实践经验和基层技术人员对病虫害预测预报知识的需要编写了本书。

　　本书以上海市为代表地区，面向长江流域，兼顾其他地区，以区县、乡镇、合作社植保和农业技术人员为主要阅读对象，也可供其他人员参考。内容主要为长江流域水稻、麦类及油菜的主要病虫害预测预报技术，每种病虫害重点从预测依据、调查方法、预测预报方法等三个方面进行了介绍。同时，对每种病虫害均收集整理了与预测预报有关的技术资料，便于读者在开展测报时参考。

　　对于每种病虫害的危害特征、识别鉴定方法以及防治技术在很多书籍和资料中都有介绍，为了节省篇幅和突出预测预报技术重点，本书未把这些内容纳入编写。对每一种纳入编写的病虫害，编写组都竭尽全力收集相关信息，尽最大努力把调查和测报方法以及技术资料编写全面完整，但一些病虫害预测预报技术资料非常有限，无法提供足够的参考案例及测报参考资料。一些病虫害测报相关的问题在早期研究很多，而近期却少有人研究，因此可供参考的技术资料比较陈旧。而有些病虫害各方面研究比较深入，测报技术资料较多，本书也尽可能整理收录，以提供多角度的参考资料。

由于编者专业技术水平和经验所限，书中难免会有缺点和错误，望读者不吝指正，以便在今后修订时不断改进与完善。

编　者

2020 年 9 月

目 录 MULU

油菜主要病虫害

水稻主要病虫害

稻 瘟 病

稻瘟病是我国水稻的重要病害之一，上海郊区每年都有不同程度的发生，以穗颈瘟最重，其危害程度因水稻品种、栽培技术及气候条件不同而有差异，一般流行年份减产 10％～20％，严重的达 40％～50％。近几年上海地区稻瘟病零星发生，部分优质稻品种发生较重。水稻整个生育期都能发病，按发病时期和不同部位，可分为苗瘟、叶瘟、节瘟、穗颈瘟、枝梗瘟和谷粒瘟等。

一、预测依据

1. 菌源和发生规律

稻瘟病是由半知菌亚门真菌危害所致。病菌一生有 4 种不同的形态：菌丝、分生孢子梗、分生孢子和附着胞。稻瘟病的病菌以菌丝体和分生孢子在病稻谷和病稻草上越冬，成为翌年的初侵染来源。病菌孢子主要借助风雨等进行传播，田间发病后不断产生病菌进行再次侵染。稻草数量大，是初次侵染引起苗瘟的主要菌源。苗瘟发生重的田块容易发生叶瘟，叶瘟发生重的田块容易发生穗颈瘟。但由于气流的传播，叶瘟发生很轻的田块，也可发生穗颈瘟。

2. 天气条件

低温多湿的天气适宜发病。稻瘟病重发生年的温度均比常年平均温度要低，重发生年的降水量较多、日照较少、降水日数较多。

稻瘟病发生的适宜温度为 20～30 ℃，尤其在 24～28 ℃、相对湿度 90％以上时发生重。在水稻感病阶段，凡阴雨连绵、湿度增大,日照不足、温度偏低,就很有利于稻瘟病的发生;反之,若连续晴朗、相对湿度低于85%,病害则受抑制。6月上旬至7月上旬的梅雨季节,如果阴雨天多、气温偏低、日照偏少,将有利于叶瘟的发生。8月下旬至9月份,如果秋雨多,有利于穗颈瘟的发生。

3. 品种抗性

水稻品种抗病性差异很大,存在高抗至感病的各种类型。水稻品种间抗病性的强弱是影响发病轻重的内因,是预测病情的主要依据之一。一般粳稻品种比籼稻感病,在粳稻中,抗病性的差别也很大。孕穗期至齐穗期长的品种容易感病。

品种的抗病性是不断变化的,应从实际出发,随时注意抗病性的演变趋势和变化规律。

4. 生育期

同一品种在不同生育阶段,以及同一生育时期叶片老嫩不同,其抗病力也不一样。同一稻株不同叶片其抗病性随出叶后日数的增加而增强,出叶当天最易感病,5 d后抗病性迅速增强,13 d后很少感染。就生育期而言,以4叶期、分蘖盛期和孕穗末期最易感病,圆秆拔节期比较抗病。穗颈瘟则以破口露穗期最易感染,以后随出穗日数的增加抗病力也随之增强,抽穗后6 d抗病力显著提高。

5. 栽培管理

栽培管理技术既影响水稻的抗病力,也影响病菌生长发育的田间小气候。其中,以施肥和灌水尤为重要。偏施氮肥,容易导致植株幼嫩或徒长,植株抗病能力减弱,病菌因此易侵入;同时过量偏施氮肥,可能导致水稻个体、群体失衡,田间郁闭,为病菌繁衍发生营造局部环境。氮、磷、钾合理搭配可以减轻发病,但在偏施重施氮肥情况下,增施磷、钾肥反而会加重发病。天气时晴时雨或晒田过度,土壤太干旱或长期灌深水、污水灌溉,均有利于病害流行。

二、调查内容和方法

1. 叶瘟调查

（1）系统调查。 直播稻自 3 叶期起，移栽稻自活棵起，至始穗止，每 5 d 调查一次。选择有代表性的早、中、晚 3 种类型田的主栽品种各一个，每类型田 2 块，每块 2 点，每点选取田埂边的第 2～3 行稻，从中固定 5 丛稻，定期调查绿色叶片的发病数和病斑型。田块发病后，每次调查同时观察调查田块的发病中心数。调查记载格式见表 1。

表 1　叶瘟系统调查记载表

日期（月/日）	地点	类型田	品种	生育期	调查总叶数（片）	发病中心数	病叶数（片）	病叶分级						病叶率（%）	病情指数	急性型病叶率（%）	备注
								0级	1级	2级	3级	4级	5级				

注：类型田即稻作类型，早熟、中熟、晚熟。

（2）叶瘟普查。 分别在分蘖末期、孕穗末期和系统调查发病高峰期各查一次。按病情程度选择当时田间轻、中、重 3 种类型田，每类型田查 3 块，每块田查 50 丛稻的丛发病率和 5 丛稻的绿色叶片发病率。

采用五点取样，每点直线隔丛取 10 丛稻调查病丛数，选择有代表性的 1 丛稻，查清绿色叶片的病叶数。调查记载格式见表 2。

表 2　大田叶瘟普查表

日期（月/日）	地点	类型田	品种	生育期	50丛稻		5丛稻			防治情况
					病丛数	病丛率（%）	总叶数（片）	病叶数（片）	病叶率（%）	

注：类型田即发生轻、中、重 3 种类型田。

2. 穗颈瘟调查

（1）系统调查。 从破口期开始至蜡熟期止，每 5 d 调查一次。可在原叶瘟定点稻丛内继续观察，病轻年份原定点的稻丛不能正确反映病情趋势时，应从定点处外延扩大到 50 丛稻进行调查。调查记载格式见表 3。

表 3　穗颈瘟系统调查记载表

日期（月/日）	地点	类型田	品种	生育期	调查总穗数	病穗分级						病穗率（%）	病情指数	损失率（%）	备注
						0级	1级	2级	3级	4级	5级				

注：类型田即稻作类型，早熟、中熟、晚熟。

（2）穗颈瘟普查。 按品种的病情程度，选择有代表性的轻、中、重 3 种类型田，总田块数不少于 20 块，每块田查 50～100 丛，病情如不严重可查 200 丛。采用平行跳跃式或棋盘式取样，结果记入表 4。并结合观察田和面上漏防田的自然发病和损失情况进行统计（表 4）。

表 4　穗颈瘟普查记载表

日期（月/日）	地点	类型田	品种	生育期	调查总穗数	病穗分级						病穗率（%）	病情指数	损失率（%）	备注
						0级	1级	2级	3级	4级	5级				

注：类型田即发生轻、中、重 3 种类型田。

3. 品种种植面积统计

在直播稻返青、抛秧（移栽）稻活棵后的半个月内进行。按品种抗性鉴定结果分感病、中抗、抗病 3 种类型，统计观测区内的种植比例。调查记载格式见表 5。

表 5　品种抗病性及种植面积统计表

日期 （月/日）	地点	品种名称	种植面积 （hm²）	抗病性 类型	占总面积的 百分率（%）	备注

三、测报方法

1. 经验预测

（1）查发病中心预测大田发病期，定防治日期。 在常年叶瘟始见期开始，选择阴暗、潮湿、肥料充足、水稻生长过分茂密嫩绿的稻田，当发现田间叶瘟发病中心时，如果天气预报多阴雨，一般 7～9 d 后将会普遍发病，10～14 d 后病情加重。每 133.4 m² 稻田内出现发病中心 1～2 个，或零星出现急性病斑时即为防治用药时间。

（2）查病斑类型预测叶瘟发生期，定防治田块。 在水稻分蘖期看到叶片陆续出现急性型病斑，并且每天成倍地增加时，表示在 3～5 d 内叶瘟将会大发生。凡出现急性病斑的田块，定为防治田块。孕穗到齐穗期，遇到突然低温，连日阴雨或雾露较重时，即使剑叶上没有急性病斑，但叶色乌绿、披叶徒长，或种植感病品种的田块，也定为防治田块。

（3）查剑叶病斑预测穗颈瘟发生期。 当水稻孕穗期剑叶的发病率在 1% 左右时，如遇低温阴雨天气，预示穗颈瘟将会严重发生，此时应用药防治。

2. 模型预测

（1）利用气象资料预测。 根据温度、湿度（雨日、雨量、雾、露）等因子与穗颈瘟发病的关系，通过多年的资料统计分析，求出不同地区的预测式进行预测。

例 1 根据金山区 2000—2016 年历史资料，穗颈瘟病穗率与 8 月平均温度呈极显著负相关，与 8 月中旬降水量显著正相关，与 7

月上旬温度、7月最低温度、8月上旬温度、8月中旬温度、9月中旬温度和9月日照时数显著负相关，由此进行逐步回归分析。

式1：$Y=1.6961-0.05562X$（$r=0.6093$，$P<0.01$，$F=8.8586$）

式中，Y为稻瘟病病穗率；X为8月平均温度。

式2：$Y=1.7407-0.04862X_1-0.00136X_2$（$r=0.7213$，$P<0.01$，$F=7.59$）

式中，Y为稻瘟病病穗率；X_1为8月平均温度；X_2为9月日照时数。

稻瘟病病情指数与7月最高温、9月日照时数呈极显著负相关，与7月平均温度、7月上旬温度、8月平均温度、8月中旬温度和9月中旬日照时数呈显著负相关。预测式如下：

$$Y=1.16473-0.03036X（r=0.6644，P<0.01，F=9.4813）$$

式中，Y为稻瘟病穗期病情指数；X为7月最高气温。

例2　以海温预报因子和大气环流预报因子建立预报模型（江苏）。

$$Z_{hl}=-1.935S_1-0.284S_2+0.003S_3+15.276S_4-0.770S_5+0.133S_6-0.338S_7-0.544$$

式中，Z_{hl}为水稻综合稻瘟病指数；S_1为上年5月海温平均值；S_2为上年7月海温平均值；S_3为上年9月海温平均值；S_4为上年3月海温平均值；S_5为上年4月海温平均值；S_6为上年6月海温平均值；S_7为上年6月海温平均值；各因子对应的高相关海区格点≥4。

基于大气环流因子的综合稻瘟病指数的预测模型，方程如下：

$$Z_{hl}=0.539H_1+0.685H_2-0.490H_3+0.364H_4+0.231H_5-0.914H_6-3.150H_7+14.267$$

式中，Z_{hl}为水稻综合稻瘟病指数；H_1为上年5月北半球副高脊线；H_2为上年1~3月北半球副高脊线；H_3为上年12月太平洋区极涡面积指数；H_4为当年5~7月大西洋环流型；H_5为上年5~7月亚洲纬向环流指数；H_6为当年6~7月亚洲经向环流指数；

H_7 为当年 3 月印缅槽。

例 3 将稻瘟病和气象资料逐步回归分析，建立模型（四川梓潼）。

$$y = 0.6716 + 0.0129x_1 - 0.005x_2 + 0.0008x_3 - 0.0246x_4 + 0.0007x_5 - 0.0001x_6 - 0.0012x_7$$

式中，y 为水稻稻瘟病的发病率；x_1 为 3 月中旬平均气温；x_2 为 3 月下旬平均气温；x_3 为 4 月下旬平均气温；x_4 为 9 月下旬平均气温；x_5 为 7 月平均降水量；x_6 为 8 月平均降水量；x_7 为 5 月平均相对湿度。

（2）利用后期叶瘟发病率预测。凡是叶瘟重、空中孢子量大，一般后期穗瘟亦重。水稻孕穗期剑叶的发病率在 1% 左右时，预示穗颈瘟将会严重发生。因此，根据叶瘟或者空中孢子量与穗瘟的温度关系，将相关指标作出预测模型。但不同品种，叶瘟和穗瘟的相关程度有一定差异，在应用时要注意校正。

例 1 利用孕穗末期叶瘟发病率预测穗瘟损失率（浙江桐乡）。

$$Y = 1.8625X - 0.6198 \quad (r = 0.9707^{**})$$

式中，X 为孕穗末期叶瘟发病率；Y 为晚稻穗瘟损失率。

例 2 以普查的叶瘟发病率预测穗瘟发病率（浙江镇海）。

$$Y = 0.331X - 7.71 \pm 5.01 \quad (r = 0.8187^{**})$$

式中，X 为早稻抽穗前 10 d 平均叶发病率；Y 为早稻穗瘟发病率。

例 3 以 8 月下旬至 9 月上旬空中孢子捕捉量预测穗瘟损失率（浙江桐乡）。

$$Y = 0.4924X^{0.8825} \quad (r = 0.9249^{**})$$

式中，X 为 8 月下旬至 9 月上旬日平均孢子量；Y 为穗瘟损失率。

例 4 以孕穗中后期叶瘟发病率预测穗瘟发病率（黑龙江青龙山农场）。

$$Y = 0.4558X - 4.5275$$

式中，Y 为穗瘟流行程度的发病率预报值；X 为孕穗中后期叶瘟发病率。

四、技术资料（参考 GB/T 15790—2009）

1. 病情分级标准

表 6 稻瘟病病情分级指标

级别	苗期叶瘟（株）	大田叶瘟（叶片）	穗瘟（穗）
0 级	无病斑	无病	无病
1 级	病斑 5 个以下	病斑少而小，病斑面积占叶面积 1% 以下	每穗损失 5% 以下，或个别枝梗发病
2 级	病斑 5～10 个	病斑小而多，或大而少，病斑面积占叶片面积 1%～5%	每穗损失 5.1%～20%，或 1/3 左右枝梗发病
3 级	全株发病或部分叶片枯死	病斑大而较多，病斑面积占叶片面积 5.1%～10%	每穗损失 20.1%～50%，或穗颈、主轴发病
4 级		病斑大而多，病斑面积占叶片面积 10.1%～50%	每穗损失 50.1%～70%，或穗颈发病，大部分秕谷
5 级		病斑面积占叶片面积 50% 以上，全叶将枯死	每穗损失 70% 以上，或穗颈发病造成白穗

2. 发生程度指标

表 7 稻瘟病发生程度分级指标

级别	程度	叶瘟		穗瘟	
		病情指数（I）	该病情指数的发生面积占种植面积的百分比（%）（Y）	病情指数（I）	该病情指数的发生面积占种植面积的百分比（%）（Y）
1 级	轻发生	$I<5$	$Y>80$	$I<3$	$Y>80$
2 级	偏轻发生	5.1～10	$Y>20$	3.1～5	$Y>20$
3 级	中等发生	10.1～20	$Y>20$	5.1～10	$Y>20$
4 级	偏重发生	20.1～30	$Y>20$	10.1～20	$Y>20$
5 级	大发生	$I>30$	$Y>20$	$I>20$	$Y>20$

3. 品种抗性划分标准

叶瘟抗性分级指标：

高抗（HR），无病；

抗（R），只有针尖大小的褐点或稍大褐点；

中抗（MR），圆形稍长的灰色小病斑，边缘褐色，直径 1～2 mm；

中感 1（MS1），典型纺锤形病斑，长 1～2 cm，通常局限于两条主脉间，病斑面积 2％以下；

中感 2（MS2），典型病斑，病斑面积 2.1％～10％；

感 1（S1），典型病斑，病斑面积 10.1％～25％；

感 2（S2），典型病斑，病斑面积 25.1％～50％；

高感 1（HS1），典型病斑，病斑面积 50.1％～75％；

高感 2（HS2），叶片全部枯死。

穗颈瘟抗性分级指标：

高抗（HR），无病；

抗（R），发病率低于 1.0％；

中抗（MR），发病率 1.1％～5.0％；

中感（MS），发病率 5.1％～25.0％；

感（S），发病率 25.1％～50.0％；

高感（HS），发病率 50.1％～100％。

参考文献

江平，康晓慧，2014. 用逐步回归分析模型预测水稻稻瘟病流行趋势 [J]. 广东农业科学（12）：72-74.

汪圣洪，2009. 花溪区水稻稻瘟病发生程度与气候条件关系分析 [J]. 耕作与栽培（2）：52-53.

王金明，林秀云，郭晓莉，等，2010. 稻瘟病发生原因及防治措施 [J]. 现代农业科技（5）：153.

徐敏，徐经纬，高苹，等，2017. 基于大尺度因子的江苏稻区稻瘟病气象等级长期预测 [J]. 植物保护，43（4）：36-41.

张跃进，2006. 农作物有害生物测报技术手册 [M]. 北京：中国农业出版社.

张左生，1995. 粮油作物病虫鼠害预测预报 [M]. 上海：上海科学技术出版社.

中华人民共和国农业部，2009. GB/T 15790—2009　稻瘟病测报调查规范 [S]. 北京：中国标准出版社.

水 稻 纹 枯 病

水稻纹枯病又称云纹病，是水稻的重要病害之一。一般造成减产 10％～20％，严重时可引起植株倒伏枯死，损失达 50％。近年在上海地区常处于高发、频发态势，成为本地水稻主要病害，每年 7 月上旬早播田块见病，8 月上旬蔓延迅速。

一、预测依据

1. 菌源与发生规律

水稻纹枯病为担子菌亚门真菌危害引起的病害。以菌核在田间土壤中越冬，成为第二年传病的主要来源，田间菌核数量与病害初期发病轻重关系密切。据研究测定，在土表越冬的菌核存活率达 96％以上，土表下 10～20 cm 越冬的存活率也在 87.8％以上。在室内水层下保存 32 个月的菌核萌发率仍达 50％，在室内干燥条件下保存 11 年之久的浪渣菌核，仍有 27.5％的萌发率。因此，如上年发生重，田间遗留的菌核多，稻株初期发病率高；新垦稻田或上年的轻病田，一般发病轻。菌核打捞得比较彻底的田块发病轻。在稻麦轮作的田块，麦纹枯病重，后茬水稻纹枯病也重。

2. 天气条件

水稻纹枯病是一种气候型流行性病害，对其流行影响较大的气象因子主要有温度和湿度。纹枯病喜高温、高湿，当日平均气温稳定在 22 ℃，水稻处于分蘖期时，田间开始零星发病。发病最适温度为 28～32 ℃，适宜相对湿度在 90％以上，在适宜的温度条件下，相对湿度越高，持续时间越长，发病越重。温度在 31～35 ℃，湿度达到饱和时，病情发展最为迅速。上海市水稻纹枯病在 7 月份发展较缓慢，7 月底 8 月初为水平扩展。从 7 月中下旬发病到 8 月中旬，大部分年份的病情指数呈现缓慢增加趋势。8 月上旬垂直扩展迅速上升。

3. 栽培管理

偏施氮肥，特别是后期偏施氮肥，将有利于纹枯病的发生。过度密植有利于纹枯病的发生。稻丛间湿度大，有利于病菌的滋生和蔓延。

合理施肥，适时搁田，控制前期水稻生长过旺，浅水勤灌的稻田，有利于水稻生长，而不利于病害发生发展。

不同稻作方式与该病的发生也有一定关系。以机插稻发病最轻，直播稻发病最重。直播稻播种迟，前期群体小，因此直播稻前期纹枯病发生较轻，但如果用种量大，生长中、后期群体偏大，田间郁闭，通风透光条件差，有利于水稻纹枯病的发生和流行。

4. 品种及生育期

水稻品种间抗性有一定差别，籼稻大于粳稻大于糯稻，窄叶高秆品种大于阔叶矮秆品种。不同水稻品种因叶位差的大小、病情垂直发展的早迟和严重程度抗性有明显差异。叶枕高度小的品种垂直发展速度快，"穿顶"期出现早，危害损失大。

水稻一生中以孕穗至抽穗期、灌浆期最感病。分蘖期至孕穗期为水平扩展期，在株穴间横向扩展，病穴率增加；孕穗末期至蜡熟期为垂直扩展期，由稻株下部向上部蔓延，病情严重度增加。

二、调查内容和方法

1. 菌核调查

在春季稻田翻耕前，选择上年发病轻、中、重 3 种类型田各一块，五点取样，每点 0.1 m²。将厚度为 1 cm 的表土连同作物或残渣一并铲起（如在越冬后春花田调查，取 5～10 cm 厚表土）置于缸内，加水充分搅动，捞出水面浮渣，计算菌核量，折算出每 667 m² 菌核残留量。调查数据记入水稻纹枯病菌核量调查记载表（表1）。

表 1　水稻纹枯病菌核量调查记载表

日期（月/日）	地点	类型田	取样面积（m²）	菌核数（粒）	折 667 m² 菌核量（万粒）	备 注

注：类型田为上年发病轻、中、重 3 种。

2. 系统调查

从水稻分蘖开始至发现病株结束，选择当地施肥水平高，往年发病重的早播、早栽田块，于田边下风处或西北角进行调查，每 5 d 调查一次。

从始病期开始至水稻乳熟期，选择移栽、直播不同栽培类型田各 2 块，对角线取样，每块田固定 2 个点，每点直线前进取样 50 丛，每块田总计取样 100 丛。计算丛发病率和株发病率，并根据纹枯病严重度分级标准进行分级，计算严重度，每 5 d 调查一次，调查结果记入水稻纹枯病病情调查记载表（表2）。

表 2　水稻纹枯病病情调查记载表

调查地点	调查日期（月/日）	类型田	水稻品种	生育期	调查丛数（丛）	病丛数（丛）	病丛率（%）	调查总株数（株）	病株数（株）	病株率（%）	各级严重度病株数（株）						病情指数	肥水管理	备注
											0级	1级	2级	3级	4级	5级			

注：①类型田：移栽、直播；②肥水管理分好、一般、差。

在水稻分蘖期间调查纹枯病株发病率时，应调查每 667 m² 总苗数。调查方法：随机选取 10 丛稻苗调查苗数，从而计算每

667 m² 总苗数，直至田间苗数固定为止。

3. 病情普查

在分蘖盛期、孕穗期、抽穗期、乳熟期各调查一次。选择移栽、直播不同类型田 8～10 块，直线取样，每块田调查 2 点，每点 25 丛，计算丛、株发病率，并进行严重度分级，计算病情指数，调查结果记入水稻纹枯病病情调查记载表（表 2）和水稻纹枯病普查统计表（表 3）。

表 3　水稻纹枯病普查统计表

填报日期 （月/日）	类型田	水稻 生育期	发生面积 比例 （%）	发生程度 （级）	病田平均 病丛率 （%）	病田平均 病株率 （%）	主发 类型田	备注

注：类型田指移栽、直播。

三、测报方法

1. 经验预测

（1）趋势分析。以稻田残留菌核量及前期病情调查情况比较历年同期发病情况，参考近期气象预报，分析病害发生发展趋势，发布病害短期发生程度预报。

一般情况下，气温高、湿度大、降水多，病情增长快、危害严重。初夏气温偏高，盛夏多雨、气温偏低，纹枯病发生严重。水稻进入分蘖期后，田间茎蘖数增多，加上田间有水层，如果梅雨季节雨量多且时间长，纹枯病易暴发。

（2）防治田块和日期确定。

①查苗情，定检查田块。历年发病重、密植、多肥、生长嫩绿、封行早的田块是重点检查对象田。一般 7 月中下旬分蘖末期开

始检查发病情况。

②查病斑，定防治田块和日期。纹枯病在稻田的分布很不均匀，要多点检查，特别要注意调查田块四周的水稻，尤其是西北角。一般每块查 5 点，每点调查 20 丛，共查 100 丛，注意调查基部叶鞘和叶片上的病斑。当达到防治指标时，立即进行药剂防治。

2. 模型预测

根据病害与前期温度、湿度、雨日、雨量、日照等气象因子的关系，应用多年数据资料进行相关统计分析，推导出预测模式，发布长、中期定性或定量预报。

例 1 根据闵行区 2008—2014 年水稻纹枯病病情指数、发生面积，选取当地 7～9 月期间的降水量、降雨日数及 35 ℃以上的高温日数三种相关气象影响因子作为自变量（X_1、X_2、X_3），病情指数作为因变量（Y）组建多元回归模型。可得出该区的预测模型。

$$Y = -10.46163 + 0.56362X_1 + 0.00238X_2 - 0.07069X_3 \ (r^2 = 0.8039)。$$

式中，Y 为水稻纹枯病病情指数；X_1 为降水量；X_2 为降雨日数；X_3 为 35 ℃以上的高温日数。

例 2 对金山区 2000—2016 年气象资料（温度、降水和日照）、水稻穗期纹枯病病株率分析发现，该地区发病情况与 7 月降水量呈极显著正相关，与 7 月中旬降水量、7 月雨日呈正相关，与 7 月中旬日照呈负相关，根据以上因子，进行预测。

$$Y = 9.60207 + 0.04148X \ (r = 0.7245, P < 0.01, F = 13.2553)$$

式中，Y 为穗期纹枯病病株率；X 为 7 月降水量。

四、技术资料（参考 GB/T 15791—2011）

1. 严重度分级标准

水稻纹枯病严重度分级标准见表 4。

表 4　水稻纹枯病严重度分级标准

级别	严重度划分标准
0 级	全株无病
1 级	基部叶片叶鞘发病
2 级	第三叶片以下各叶鞘或叶片发病（自顶叶算起，下同）
3 级	第二叶片以下各叶鞘或叶片发病
4 级	顶叶叶鞘或顶叶发病
5 级	全株发病枯死

2. 发生程度划分标准

水稻纹枯病发生程度划分标准如下。

大发生：发病面积占水稻面积 80% 以上，病情指数大于 15。

偏重发生：发病面积占水稻种植面积的 51%～80%，病情指数大于 10，小于 15。

中等发生：发病面积占水稻种植面积的 31%～50%，病情指数大于 5，小于 10。

偏轻发生：发病面积占水稻种植面积的 15%～30%，病情指数大于 2.5，小于 5。

轻发生：发病面积占水稻种植面积的 15% 以下，病情指数小于 2.5。

参考文献

黄世文，王玲，陈惠哲，等，2009. 氮肥施用量和施用方法对超级杂交稻纹枯病发生的影响 [J]. 植物病理学报，39（1）：104-109.

黄珍珠，杨永生，陈慧华，等，2009. 广东省水稻纹枯病发生的气象等级监测和预报方法 [J]. 广东气象，31（4）：28-30.

李广记，朱惠龙，乔德丰，等，2015. 闵行区水稻纹枯病发生流行因素分析 [J]. 中国植保导刊（8）：46-48.

王子斌，左示敏，李刚，等，2009. 水稻抗纹枯病苗期快速鉴定技术研究 [J]. 植物病理学报，39（2）：174-182.

张国良，2012.江苏省近几年水稻纹枯病重发生原因及防治策略［J］.江苏农业科学（9）：116-118.

张跃进，2006.农作物有害生物测报技术手册［M］.北京：中国农业出版社.

张左生，1995.粮油作物病虫鼠害预测预报［M］.上海：上海科学技术出版社.

中华人民共和国农业部，2011.GB/T 15791—2011　稻纹枯病测报技术规范［S］.北京：中国标准出版社.

水 稻 恶 苗 病

水稻恶苗病又称徒长病，是上海郊区常见的水稻种传病害。水稻从秧苗期到抽穗期都会发生恶苗病，一般在秧苗期、分蘖期、拔节孕穗期出现三个发病高峰。受害植株一般很快枯死，即使个别能抽穗结实，也是穗小、粒少，谷粒不饱满或呈白穗。上海地区近年来自然发病较重，经种子处理后总体发生较轻。

一、预测依据

1. 菌源及发生规律

病原真菌有性态为藤仓赤霉，子囊菌亚门赤霉属；无性态为串珠镰孢，半知菌亚门镰孢属。带菌种子是此病的主要初侵染源，其次是病稻草。

病菌以分生孢子附着在种子表面或以菌丝体潜伏于种子内越冬。在水稻浸种过程中，病种上的病菌污染无病种子。播种后，病菌随着种子的萌发而繁殖，进行危害；若所播稻种受机械损伤，苗期发病重。用病稻草做覆盖物，当稻种萌发后，病菌即可从芽鞘侵入幼苗引起发病。

带菌秧苗移栽本田后，病菌菌丝体在稻株体内蔓延至全株。秧苗根部受伤严重的，插秧后发病就重。

一般稻株抽穗后 3 周内稻谷最易感染病菌。感染早的稻谷内外颖合缝处产生红色至淡红色团块，形成瘪谷或畸形；感染迟的稻谷外观与健谷无异，但病菌已侵入颖片组织或种皮组织内，使种子带菌。脱粒时，病部的分生孢子也可黏附于稻谷表面，使之带菌，成为下一年或下一季的初侵染源。

2. 栽培管理

伤口有利于病菌侵入。脱粒时稻种受伤，拔秧或栽插时秧苗受伤过重、栽插过浅或过深都会加重发病。偏施氮肥也有利于病害的发生。收获后不及时脱粒、堆放时间越长，稻种感染病菌机会越大。浸种催芽时用病稻草包裹或覆盖，是侵染传病的重要环节。催芽有利于病菌侵害，催芽温度高的发病重于催芽温度低的。旱育秧、播种密度大，种子间易于感染传病，发病比水育秧重。

3. 天气条件

病菌菌丝生长温度范围为 3～39 ℃，最适温度为 25～30 ℃，最适宜病菌侵染寄主的温度为 35 ℃，诱发植株产生徒长症状的最适温度为 31 ℃。病菌耐干旱，菌丝体在干燥病稻草内能存活 3 年，分生孢子在干燥病稻草上可存活 2 年以上。病菌不耐潮湿，菌丝体在潮湿土面或土中则短期内死亡。

土温对恶苗病影响较大，土温在 30～35 ℃时最适合发病，土温 25 ℃时发病率下降，土温 20 ℃以下或 40 ℃以上都不表现症状。移栽时遇到高温烈日，发病较多。浸种水温在 30 ℃以内，温度越高受污染程度越重，苗期发病也越重。另外，水稻品种间抗病性有一定差异，一般糯稻比籼稻发病轻。

二、调查内容和方法

1. 种子带菌率检测

将稻种混匀并取 100 粒以上的样品，然后将样品置于 1‰次氯酸钠溶液中消毒 2～3 min，再用无菌水冲洗，然后转接到马铃薯葡萄糖琼脂培养基（PDA）平皿中，每个平皿按五点法接种 5 粒稻种，26 ℃下培养 4～5 d。依据镰孢菌的菌落及分生孢子形态特征，初步判定稻粒是否带有恶苗病菌，并统计稻种恶苗病菌带菌率。

2. 秧苗期发病调查

分品种选择有代表性的秧田 5～10 块，在移栽前 2～3 d 调查 1

次。每块田调查 2 个点，每点调查 1 m²，发生轻时，增加调查点和每点调查面积。分别记载健株和病株数，计算秧苗期的病株率。调查结果记入水稻恶苗病调查表（表 1）。

表 1　水稻恶苗病调查表

调查日期（月/日）	调查地点	类型田	品种	生育期	秧苗期				本田期			备注
					调查面积（m²）	调查株数	病株数	病株率（%）	调查株数	病株数	病株率（%）	

注：类型田即稻作类型，指早稻、中稻、单季晚稻和双季晚稻等。

3. 大田期病情普查

分品种和插秧期选择有代表性的田块 10 块，在分蘖盛期和抽穗期各调查 1 次，每块田调查 100 丛稻，记载发病株数，计算病株率。发生轻时调查整块田的病株数，估算病株率。调查结果记入水稻恶苗病调查表（表 1）。

三、测报方法

1. 经验预测

种子带菌率与田间发病率存在显著的正相关，但在种子之间互不干扰的理想状态下，田间发病率远低于种子带菌率。在水稻浸种过程中，病种上的病菌将污染无病种子。如果将 1%～10% 的带菌种子混在无病种子内，经过 1～4 d 的浸种，可使大部分种子带菌。如果上年病重、调引种频繁、种子处理比例不大或处理效果差，秧苗期气温适宜，则恶苗病可能发生较重。

恶苗病菌喜高温，高温有利于病菌菌丝体和分生孢子的生长，会导致病害加重。水稻恶苗病菌侵染的最适阶段是催芽阶段，发病率与浸种、催芽的时间、温度有关，在一定温度范围内，与浸种温

度和时间呈正相关，即温度越高、时间越长，发病率越高。在26～
34 ℃的范围内，发病率与催芽温度之间的正相关系数为0.9570。

2. 模型预测

种子带菌率与田间发病率存在极显著正相关，相关系数 $r=$
0.7308，$P<0.01$，根据原始数据建立预测式。

$$y=0.1574+0.0963x$$

式中，y 为发病率；x 为种子带菌率。

四、技术资料

1. 发生程度分级

上海暂行的水稻恶苗病发生程度分级如下（表2）。

表2　恶苗病发生程度分级标准

（病株率，%）

生育期	轻发生（1级）	偏轻发生（2级）	中等发生（3级）	偏重发生（4级）	大发生（5级）
苗期	<1	1～3	3.1～15	15.1～20	>20
分蘖末期和穗期	<0.5	0.5～2	2.1～10	10.1～20	>20

参考文献

产祝龙，丁克坚，檀根甲，等，2004. 水稻恶苗病发生规律的探讨 [J]. 安徽农业大学学报，31（2）：139-142.

冯锡君，张颖，梁孝莉，等，2003. 水稻恶苗病种子带菌率与田间发病率的相关分析 [J]. 延边大学农学学报（4）：264-267.

潘以楼，吴汉章，乔广行，1997. 浸种过程中水稻恶苗病的传播及影响发病的因素 [J]. 江苏省植病学会通讯（3）：7-10.

钱月珍，张亚明，1997. 水稻恶苗病的发生因子及防治技术 [J]. 江苏农业科学（4）：46-47.

张跃进，2006. 农作物有害生物测报技术手册 [M]. 北京：中国农业出版社.

稻 曲 病

稻曲病又称假黑稻病、绿黑稻病、青粉病等。水稻多在抽穗、扬花阶段感病，形成穗部病害，因品种、气候条件和肥水管理等条件的不同，其发病程度有明显差异。严重的发病率可达 60％以上，每穗有病谷 1～5 粒，多的可达 20～30 粒，造成较大的损失。

一、预测依据

1. 菌源及发病规律
病原真菌有性态为子囊菌亚门麦角菌属的稻麦角菌，无性态为半知菌亚门绿核菌属的绿核菌。病菌以落入土中的菌核或附于种子表面的厚垣孢子越冬。翌年菌核萌发产生厚垣孢子，由厚垣孢子产生分生小孢子及子囊孢子进行初侵染。子囊孢子和分生孢子在水稻孕穗期（主要在破口前 5～7 d）借气流、雨、露传播进入叶鞘内侵染花器和幼颖，引起籽粒发病。

2. 天气条件
稻曲病的发生发展与水稻抽穗前后一段时期气温、降水、湿度、日照等气象条件有着密切的关系，是一种典型的气候性病害。一般来讲，水稻感病关键生育期内（水稻破口前 10 d 至抽穗扬花期间）适温多雨，日平均温度在 24～32 ℃，最适在 26～28 ℃，相对湿度大于 88％，光照少等均能促进该病的发生流行。

3. 品种特性
水稻品种间抗病性差异很大。杂交稻发病重于常规稻，籼粳杂交稻又重于普通杂交稻。糯稻发病重于粳稻，粳稻较籼稻易发病。

孕穗期长品种的发病重。密穗型和直立型品种较半矮生型品种发病重，颖壳表面粗糙无茸毛的品种发病重。

4. 栽培管理

施氮量过高，单位面积总氮肥量越大，稻曲病发生越重。在施肥总量相同的情况下，在水稻生长后期（穗肥）氮肥量增大有利于稻曲病发生。

水稻播期、插秧期偏后，稻曲病发生有加重的趋势。水稻插秧密度越大，稻曲病发生相对越重。长期深灌，排水不良，连作地块稻曲病易发病。上年发病重的田块发病重。

二、调查内容和方法

1. 大田普查

在水稻黄熟期，按当地水稻成熟期不同分早、迟和不同品种划分成若干的类型，每类型查 10 块田，每块田五点取样，每样点随机查 100 穗，共查 500 穗，记载病穗数和病谷数，计算病穗率和病谷率、病情指数。将结果记入稻曲病病情普查表（表 1）。

表 1　稻曲病病情普查表

调查日期（月/日）	调查地点	稻作类型	品种	调查穗数	调查谷粒数	病穗数	病谷数	病穗率（%）	病谷率（%）	病情指数	备注

注：稻作类型指早稻、中稻、单季晚稻和双季晚稻等。

2. 水稻生育期调查

在水稻幼穗分化初期，选择当地主栽品种稻田若干块，每块田随机拔取主蘖苗 10 株，逐一查幼穗，记载幼穗分化时期，确定破口期。结果记入水稻发育进度调查表（表 2）。

稲　曲　病

表 2　水稻发育进度调查表

调查日期（月/日）	调查地点	稻作类型	种植方式	施肥量	水稻生育期							备注
					分蘖期	拔节期	幼穗分化始盛期	孕穗期	抽穗期	乳熟期	黄熟期	

注：稻作类型指早稻、中稻、单季晚稻和双季晚稻等；种植方式指直播、机插和机穴播等。

3. 发病因子调查记载

在水稻幼穗分化初期至齐穗期，对温度、湿度、光照、肥水管理等稻曲病发病因子进行调查，结果记入发病因子调查记载表（表3）。

表 3　稻曲病发病因子调查记载表

日期（月/日）	气候因子				水稻品种	生育期	肥水管理	备注
	日平均温度（℃）	日降水量（mm）	相对湿度（%）	光照时数（h）				

三、测报方法

1. 经验预测

根据当地气象部门对水稻破口前 20 d 至破口期的天气预报，结合当地水稻品种的抗性情况，综合分析，做出预报。水稻破口前 20 d 至破口期间阴雨天气多、光照少，温度适宜，且主栽品种抗病性差，则稻曲病有重发的可能。

例如，利用水稻抗病性，根据大面积推广的水稻类型与品种预测稻曲病发病程度。不同水稻品种对稻曲病的抗病力有极大差异，杂交稻稻曲病发生程度远重于常规稻，稻曲病平均病情指数为：籼粳杂交稻＞杂交籼稻＞杂交粳稻＞常规晚粳＞常规中粳。

2. 模型预测

根据历年稻曲病稳定后的病穗率（病粒率），从水稻破口前一段时期内的温度、雨日、雨量、光照、湿度等气象因素中筛选出与稻曲病发病密切相关的因子组建预测式进行预报。

例 1　经分析金山区 2000—2013 年 8～9 月逐旬气象资料（温度、降水和日照）与稻曲病定案时病穗率的相关性，发现病穗率与 9 月中旬降水量呈极显著正相关。因此，以 9 月中旬降水量为主要因子，建立预测式。

$$Y = -0.0127 + 0.0060X \quad (r = 0.6413, \ P < 0.01, \ F = 9.0817)$$

式中，Y 为稻曲病病穗率；X 为 9 月中旬降水量。

例 2　氮肥对稻曲病发生程度的影响，随磷肥用量的不同而变化。只有当磷肥用量为每 667 m^2 56.25～112.5 kg 时，控氮方能呈现一定的防病效果。进一步研究氮肥使用总量、穗肥量、穗肥期与稻曲病发生程度的关系得出：氮肥对稻曲病的发生程度有显著作用，其中氮肥施用总量对发病的影响程度大于穗肥量，穗肥量对稻曲病的影响作用大于穗肥期，其回归方程如下。

$$Y = -93.053 + 3.393X_1 + 9.265X_2 + 3.711X_3 \quad (复相关系数 \ r = 0.8922^{**})$$

式中，Y 为稻曲病发病程度；X_1 为氮肥施用总量；X_2 为穗肥用量；X_3 为穗肥期。

四、技术资料

1. 发生程度分级指标

稻曲病在湖南省、安徽省的发生程度分级指标见表 4。

表 4　各地稻曲病发生程度分级指标

发生程度	级别	湖南省地方标准	安徽省地方标准	
		发生面积占稻田面积的比例（%）	病穗率 X（%）	发病面积比例 Y（%）
轻发生	1 级	≤10	$X < 3$	$Y > 80$
偏轻发生	2 级	10.1～20	$3 \leqslant X < 6$	$Y \geqslant 20$
中等发生	3 级	20.1～30	$6 \leqslant X < 10$	$Y \geqslant 20$

（续）

发生程度	级别	湖南省地方标准	安徽省地方标准	
		发生面积占稻田面积的比例（%）	病穗率 X（%）	发病面积比例 Y（%）
偏重发生	4 级	30.1～50	$10 \leqslant X < 20$	$Y \geqslant 20$
重发生	5 级	>50	$X \geqslant 20$	$Y \geqslant 20$

注：湖南省地方标准中发生面积指平均每穗病粒数达到或超过 0.2 粒时的稻田面积。

2. 严重度分级标准

稻曲病的发生严重度以病粒数划分标准如下（参考《农作物有害生物测报技术手册》）。

0 级：无病；

1 级：1 粒病粒；

2 级：2～5 粒病粒；

3 级：6～10 粒病粒；

4 级：11～15 粒病粒；

5 级：15 粒以上病粒。

3. 流行程度与气象条件的关系

稻曲病的流行程度与气象条件的关系见表5。

表5　稻曲病流行程度与气象条件的关系（浙江省嘉兴市）

年份	孕穗开始日期	抽穗开始日期	孕穗开始日5 d平均资料		抽穗开始日5 d平均资料		病穗率（%）
			气温（℃）	相对湿度（%）	气温（℃）	相对湿度（%）	
1982	9 月 7 日	9 月 17 日	22.2	87	22.1	86	21.36
	9 月 12 日	9 月 22 日	21.1	86	19.8	87	5.67
1983	9 月 5 日	9 月 15 日	27.2	87	23.4	93	14.43
	9 月 7 日	9 月 17 日	26.1	88	23.4	88	10.66
1984	9 月 4 日	9 月 14 日	26.2	86	21.7	84	8.05
	9 月 9 日	9 月 19 日	20.3	92	22.4	85	0.158

参考文献

陈嘉孚，邓根生，杨治年，等，1992. 稻种资源对稻曲病抗性鉴定研究 ［J］. 作物品种资源（2）：35－36.

李秀清，2014. 几种早稻新品种稻曲病抗性差异调查初报 ［J］. 上海农业科技（3）：122，130.

廖巧明，1993. 稻曲病种子带病传播及品种抗病性鉴定技术研究 ［J］. 云南农业大学学报，8（3）：209－212.

廖巧明，王永华，1994. 水稻品种对稻曲病的抗病性鉴定技术研究 ［J］. 西南农业学报，7（2）：67－70.

潘勋，李克骅，张胜景，1996. 氮肥总量、穗肥量及穗肥期对稻曲病发生程度的影响 ［J］. 河北农业科学（1）：6－8.

潘勋，张淑平，高俊全，等，1993. 氮磷肥对稻曲病发生程度的影响 ［J］. 河北农业科学（1）：18－20.

唐春生，高家樟，曹国平，等，2000. 稻曲病病情分级标准的研究和应用 ［J］. 湖南农业大学学报（4）：122－125.

王连平，董明灶，郝中娜，等，2010. 浙江省水稻品种抗稻曲病自然诱发鉴定初步研究 ［J］. 江西农业学报，22（7）：73－74.

王疏，秦姝，刘明霞，等，2010. 不同栽培方式对稻曲病发生程度的影响 ［J］. 植物保护，36（6）：165－167.

尹小乐，陈志谊，于俊杰，等，2014. 江苏省水稻区域试验品种对稻曲病的抗性评价及稻曲病菌致病力分化研究 ［J］. 西南农业学报，27（4）：1459－1465.

张跃进，2006. 农作物有害生物测报技术手册 ［M］. 北京：中国农业出版社.

赵世骅，1985. 晚稻稻曲病发病的气象条件初析 ［J］. 浙江气象科技，6（3）：29－30.

水稻条纹叶枯病

水稻条纹叶枯病是由灰飞虱传毒的病毒性病害。病株枯孕穗或穗小畸形不实。拔节后发病，在剑叶下部出现黄绿色条纹，各类型稻均不枯心，但抽穗畸形，结实很少。上海地区常年都有发生，发生重的年份，严重田块产量损失达30%以上，甚至绝收。

一、预测依据

1. 虫源与发生规律

水稻条纹叶枯病的发生与灰飞虱发生量、带毒虫率有直接关系。带毒灰飞虱通过吸食而传毒危害，传毒时间一般为10～30 min，最短传毒时间仅为3 min。灰飞虱一旦获毒，则终身带毒，并可经卵传毒。

灰飞虱以若虫在麦苗和看麦娘、蒿草等冬季杂草上越冬。在水稻条纹叶枯病发生地区，灰飞虱越冬代种群密度是灰飞虱全年种群发生和水稻条纹叶枯病流行预测的重要依据之一。越冬基数大小与上年稻田灰飞虱种群数量呈正相关。

长江流域稻区5月下旬至6月中旬为一代灰飞虱成虫盛发期，此时灰飞虱成虫随着小麦收割，由麦田及杂草上大量迁移到水稻上传毒，形成秧田及早栽大田第一个传毒高峰，通常间隔15～20 d后，田间出现第一个发病显症高峰；6月中下旬二代灰飞虱若虫在水稻本田刺吸传毒，形成第二个传毒高峰，并在7月下旬出现第二个发病显症高峰；三代灰飞虱在气候适宜时，还会形成第3、第4个传毒和显症高峰。上海地区4月上中旬为越冬代灰飞虱的成虫高峰期。

2. 栽培管理

冬春田间有小麦及大棚蔬菜等，有利于灰飞虱越冬危害；免耕栽培，田间看麦娘、蔄草等禾本科杂草发生量大，有利于提高灰飞虱种群基数。秧苗和直播稻播种过早，氮肥用量过大，稻苗生长嫩绿，易诱集灰飞虱雌虫产卵。

田间发病规律一般表现为早播田重于迟播田，孤立秧田重于连片秧田，麦套稻重于其他栽培方式，周围杂草丛生的稻田发生重，杂交稻和籼稻较抗病，粳稻、糯稻较感病。水稻条纹叶枯病感病品种的大量种植，品种单一，对条纹叶枯病流行十分有利。

3. 天气条件

灰飞虱耐寒怕热，最适宜的温度为 23～25 ℃，温度超过 30 ℃成虫寿命短，四至五龄若虫期延长，死亡率增加。

冬季温暖干燥有利于灰飞虱安全越冬，冬春温暖少雨，特殊低温（－5 ℃）持续时间短，有利于灰飞虱冬后若虫的羽化繁殖，一、二代发生早，虫量多。5～6 月间气温适宜，食料条件好，种群密度增长快。夏季降雨偏多，气温偏低有利于灰飞虱发育繁殖。7 月中下旬盛夏期间高温干旱，虫口密度迅速下降，秋后气温降低种群又有回升，但食料条件不好，危害轻微。

据对气象资料分析，2～3 月份平均气温、5 月中下旬雨日条件，与灰飞虱种群发生和水稻条纹叶枯病流行呈显著相关性。

4. 灰飞虱带毒率

水稻条纹叶枯病发生流行主要取决于灰飞虱种群数量及其带毒率高低。灰飞虱发生数量大、带毒率高，则水稻条纹叶枯病发生重。因此，灰飞虱带毒率是水稻条纹叶枯病预测的重要依据之一。

二、调查内容和方法

1. 灰飞虱调查

灯光诱测、稻田系统调查和普查方法详见稻飞虱调查内容和方法。

麦田调查从3月下旬起,每10 d定点查1次;5月上旬起调整为每5 d定点调查1次,直至大面积小麦收割结束。调查内容同稻田。

2. 灰飞虱带毒率测定

在上年不同发生程度的地区,分别在不同播期和品种抗性的田块采集越冬代或一代灰飞虱高龄若虫或成虫,各类型田虫量不少于50头。3月下旬至4月上旬采集麦田越冬代灰飞虱,测定越冬代带毒率;5月中下旬采集麦田一代灰飞虱,测定一代带毒率;6月下旬采集二代灰飞虱,测定二代带毒率。通常测定越冬代和一代灰飞虱带毒率即可。

测定方法采用斑点免疫法(Dot-ELISA)。将采集的成虫或高龄若虫,单头虫置于200 μL离心管中加100 μL碳酸盐缓冲液,用木质牙签捣碎后制成待测样品。在硝酸纤维素膜上划0.5 cm×0.5 cm方格,每格加入3 μL样品于室温晾干,在37 ℃条件下,4%牛血清或0.4%牛血清白蛋白(BSA)封闭0.5 h后浸入酶标单抗(封闭液稀释5000倍)孵育1.5 h,洗涤后再浸入酶标二抗稀释液中孵育1.5 h,然后浸入显色底物液中0.5 h。每步用磷酸缓冲液(PBST)洗涤3次,每次3 min。检查反应类型(带毒灰飞虱呈现阳性反应),记载带毒虫量,计算加权平均带毒率。结果记入灰飞虱带毒率测定记载表(表1)。

表1　灰飞虱带毒率测定记载表

调查日期(月/日)	类型田	品种	代别	取样虫量(头)	带毒虫量(头)	加权平均带毒率(%)	备注

3. 条纹叶枯病调查

(1) 系统调查。灰飞虱迁入水稻秧田高峰后开始(一般5月下旬至 6 月上旬），结合灰飞虱虫量调查，每 5 d 调查一次，至 8 月中旬结束。

水稻秧田和本田期，在灰飞虱带毒虫量高、有代表性的地区，选取不同抗感病品种、不同播栽期的类型田各一块进行调查。采用对角线五点取样，秧田每点调查 0.1 m²，本田每点查 10 丛，秧田记载发病株数，本田记载发病丛数、发病株数、严重度，计算病株率、病丛率和病情指数，结果记入表 2。

表 2　条纹叶枯病田间调查表

调查日期（月/日）	类型田	品种	生育期	调查丛数	病丛数	病丛率（%）	调查总株数	病株数	病株率（%）	严重度					病情指数	备注
										0级	1级	2级	3级	4级		

（2）条纹叶枯病普查。根据水稻不同播期与抗性，分别选择早、中、晚及不同抗感类型田共 20～30 块。秧田于虫量高峰后 20 d 左右即一代灰飞虱传毒危害稳定后进行，每 5 d 调查 1 次，共查 2～3 次。本田于二、三代灰飞虱传毒危害田间病情稳定后进行，每 5 d 查 1 次，每代共查 2 次。取样方法、计算和记载表格同系统调查。

三、测报方法

1. 经验预测

根据灰飞虱带毒率测定结果、田间发育进度与发生量调查结果，结合水稻品种抗感性，做出水稻条纹叶枯病发生程度及趋势预报。一般灰飞虱带毒率大于 3%，一代灰飞虱迁入高峰期与秧苗期比较吻合，品种又较感病，水稻条纹叶枯病流行的可能性较大，带毒率达到 12％则为大流行趋势。

春季气温偏高，降雨少，灰飞虱虫口多，发病重。稻、麦两熟区发病重，大麦、双季稻区发病轻。

2. **模型预测**

田间条纹叶枯病的发生程度与灰飞虱的带毒率呈正相关性，利用分析历年带毒率数据与田间实际发生情况的相关性，可建立当地的预测模型。

例 嘉兴市对多年灰飞虱带毒率与水稻条纹叶枯病发生关系进行分析，建立预测模型。

$$Y = 1.6839X - 1.6935$$

式中，X 为灰飞虱带（传）毒率；Y 为水稻条纹叶枯病株发病率。

四、技术资料

1. 严重度分级标准

水稻条纹叶枯病病情严重度分级标准见表 3。

表 3 水稻条纹叶枯病病情严重度分级标准（参考 NY/T 1609—2008）

级别	症 状
0 级	无症状
1 级	有轻微条纹症状，心叶不褪绿，生长正常
2 级	有明显条纹症状，心叶不褪绿或有轻微条纹，生长基本正常
3 级	褪绿条纹明显，且有卷曲
4 级	病叶卷曲枯死

2. 发生程度分级

水稻条纹叶枯病发生程度分级指标见表 4，条纹叶枯病及灰飞虱发生程度分级见表 5；灰飞虱若虫与卵历期见表 6，各龄若虫与成虫历期见表 7。

表4　条纹叶枯病发生程度分级指标（参考 NY/T 1609—2008）

类型田	轻发生 （1级）	偏轻发生 （2级）	中等发生 （3级）	偏重发生 （4级）	大发生 （5级）
秧田	<0.4	0.4～0.6	0.61～1.0	1.01～2.0	>2.0
大田	<0.2	0.2～0.5	0.51～1.0	1.01～2.0	>2.0

注：每 667 m² 带毒灰飞虱虫量（万头）。

发生程度分级指标数值为发生程度指数，发生程度指数按照以下公式计算。

$$D = \frac{\sum V \times E}{F \times 10000}$$

式中，D 为发生程度指数；V 为加权平均带毒率；E 为每 667 m² 加权平均虫量；F 为总调查地块数量。

表5　条纹叶枯病及灰飞虱发生程度分级（参考上海地方简化标准）

发生程度 类型田		轻发生 （1级）	偏轻发生 （2级）	中等发生 （3级）	偏重发生 （4级）	大发生 （5级）
病株率（%）		<0.5	0.5～2	2.1～10	10.1～20	>20
每 667 m² 带毒 虫量（万头）	秧田	<0.4	0.4～0.6	0.61～1.0	1.01～2.0	>2.0
	大田	<0.2	0.2～0.5	0.51～1.0	1.01～2.0	>2.0
灰飞虱发生面积 占种植面积比例（%）		<20	20～30	31～50	51～70	>70

注：发生面积指每 667 m² 带毒虫量>1.0 万头的面积。

表6　灰飞虱若虫与卵历期（参考 NY/T 1609—2008）

世代	一	二	三	四	五	六
平均温度（℃）	17.2	23.1	29.1	28.9	22.4	18.8
历期（d）	20.3	10.6	6.2	7.6	11.1	16.3

表7 灰飞虱各龄若虫与成虫历期（d）（上海）

世代	若虫						长翅成虫		短翅成虫
	一龄	二龄	三龄	四龄	五龄	平均温度（℃）	雄	雌	雌
一	5.1	3.8	3.1	3.5	5.1	22.3	25.1	11.5	34.0
二	3.4	2.5	2.5	2.7	3.6	24.8	11.2	6.0	15.6
三	3.8	3.7	3.7	5.4	10.1	27.9	3.7	5.5	11.0
四	2.5	1.9	1.9	2.6	4.1	26.9	16.9	20.4	23.4
五	5.2	5.1	5.1	5.0	5.5	18.9	—	—	51.0

参考文献

褚桂生，朱金良，沈祥良，等，2008. 嘉兴市水稻条纹叶枯病预报因子筛选及
    预测模型应用 [J]. 浙江农业科学（3）：355 - 357.
江苏省植物保护站，2005. 农作物主要病虫害预测预报与防治 [M]. 江苏：
    江苏科学技术出版社.
张跃进，2006. 农作物有害生物测报技术手册 [S]. 北京：中国农业出版社.
中华人民共和国农业部种植业管理司，2009. NY/T 1609—2008 水稻条纹叶
    枯病测报技术规范 [S]. 北京：中国农业出版社.

二 化 螟

二化螟俗称钻心虫，属鳞翅目螟蛾科，是我国水稻的重要害虫之一，它以幼虫蛀食水稻茎秆危害，使水稻分蘖期形成枯心，孕穗至抽穗期形成枯孕穗和白穗，转株危害还形成虫伤株。二化螟除主要危害水稻外，还可危害茭白、玉米、高粱、甘蔗、油菜、蚕豆、麦类等作物，以及芦苇、稗草、李氏禾等。上海地区一年发生2～3代，以幼虫在稻草、稻桩和茭白内越冬。随着耕作制度和品种布局的改变，如杂交稻、单季晚稻和单株繁殖的种子田及茎粗、叶阔型品种扩大种植，二代螟的发生量也发生了变化，大部分地区危害程度已经超过三化螟。

一、预测依据

1. 虫源及发生规律

虫源不同，发生期和危害情况均有显著差异。越冬代幼虫化蛹羽化期在芦苇、茭白中的发生最早，其次为稻桩中的，然后为春花植株中的，稻草中的发生最迟。越冬代稻草内虫源羽化迟，本田早稻已转青分蘖，有利于二化螟幼虫的侵入和发育，成活率高。稻桩内的螟蛾羽化早，早稻尚未插秧或刚插秧还未转青，影响二化螟幼虫的侵入和发育。

2. 栽培管理

春花作物面积的扩大，增加了越冬虫源田；迟熟早稻面积的扩大，提高了二代二化螟的有效越冬虫源率；早稻插秧季节的提早，有利于二化螟幼虫的侵入和成活。因此，在迟熟早稻面积大、插秧季节早的连作稻地区，二化螟重发的风险相对较高。

同一地区由于种植品种、栽培管理情况不同，二化螟的发生数量和危害情况也不同，一般籼稻比粳稻受害重，特别是杂交水稻，秆粗叶阔、叶色嫩绿、卵块密度高，危害重。在秧田、本田并存的情况下，本田产卵多于秧田；但在虫情早、苗情迟、发蛾盛期本田移栽面积小、返青迟的情况下，秧田产卵量也多。本田的卵块密度，稀植的高于密植的，大苗的高于小苗的。水稻生长后期与二化螟发蛾时期相遇，水稻成熟越迟的产卵量越多。科学用肥和灌溉能减少二化螟的危害。翻耕对越冬代影响较大，同一地区一般免耕田发生重于翻耕田。

3. 天气条件

越冬代二化螟发生早迟，取决于早春 3、4 月温度的高低。二化螟化蛹的起点温度为 11℃，因此，旬平均温度 11℃以上到来的早迟决定化蛹的早迟，如化蛹后遭遇低温，将延长蛹期而推迟羽化，一般 14℃开始羽化。温度与虫态历期通常呈负相关。

在早春，若气温回升快，早稻区越冬代的有效虫源将增多。同时也促使一、二代发生期提前，提高了二代在早稻收割前的羽化率。二化螟在大田化蛹时期如遇台风暴雨大田淹水，能淹死大量螟蛹，减少下一代的发生量。夏季高温，特别是水温超过 30℃以上，对二化螟发育不利，气温 23～26℃、相对湿度 80%～90%时，有利于螟卵孵化；在 20～30℃之间、相对湿度 70%以上，有利于幼虫的发育。晚稻收获之前多雨，往往使越冬二化螟幼虫下移缓慢，稻草中越冬二化螟比例大；反之，稻根中越冬二化螟比例小。气候也影响二化螟天敌的发生。高温干旱，天敌多、寄生率高，二化螟发生危害也相对减轻。

4. 防治措施

药剂防治能显著影响二化螟发生期和发生量。适时偏早施药，往往使下一代群体发生期推迟；反之，偏迟施药，能使下一代群体发生期提早。防治效果好，不仅能大大减少当代虫口密度，而且能大大压低下代的发生数量。而药剂防治面积过大、用药过多，会破坏生态平衡，减少天敌对二化螟的抑制作用，使二化螟发生回升。

二、调查内容和方法

1. 越冬虫口密度和死亡率调查

越冬前调查一次，结合末代螟害率调查进行。冬后调查一次，在越冬幼虫化蛹始盛期进行。

按当地主要有效越冬虫源田（螟害轻、中、重）分2～3个类型田，每类型田选择有代表性的田块2～3块。采用单对角线五点取样，每样点1 m²，未耕翻田在每样点内随机拔取稻根20～60丛，直播田或翻耕冬种田拾取5个样点内的全部可见稻根，分别进行剥查，检查活虫数和死虫数。调查结果记入表1。

表1　二化螟越冬虫口密度调查记载表

调查日期（月/日）	调查地点	类型田	水稻品种	调查面积（m²）	调查丛数（丛）	活虫数（头）	死虫数（头）	死亡率（%）	每667 m²活虫量（头）	天敌寄生		二化螟占越冬螟虫总数的比例（%）	备注
										寄生数（头）	寄生率（%）		

注：类型田指前茬作物类型，如绿肥田、冬闲田、深翻田等。

2. 幼虫、蛹发育进度调查

在有代表性的主要虫源田内，从化蛹始盛期开始（化蛹率达20%）调查第一次，隔5～7 d后调查第二次，到化蛹80%左右止。

（1）越冬代。将越冬虫口密度和死亡率冬后调查得到的活虫进行分龄。越冬代每次剥查活虫数，不得少于30头。在虫口密度低的地区和年份，可在秋播前后，挖取有虫稻桩，并将其置于地势较高的田内，作为预测圃，供冬后剥查。

（2）一般世代。第一次调查可结合螟害率调查进行。剥查活虫数不少于50头，被害株不少于200株。不同被害状的植株内幼虫发育进度往往不一，调查时应根据不同危害状的比率拔取被害株。当同一植株内虫数较多、虫龄一致时，则作1头记载，虫龄不一则各记1头。对查到的幼虫、蛹进行分龄分级。隔5～7 d进行第二次调查。调查结果记入表2。

表2　二化螟幼虫和蛹发育进度调查记载表

调查日期（月/日）	世代	调查地点	类型田	品种	生育期	总虫数（头）	活虫数（头）	死虫数（头）	死亡率（%）	各龄幼虫数（头）及所占比例（%）						
										一龄	二龄	三龄	四龄	五龄	六龄	预蛹
										头	%	头	%	头	%	头	%	头	%	头	%	头	%

除调查幼虫、蛹发育进度外，还应剥查寄生情况。调查情况记入表3。

表3　二化螟幼虫和蛹天敌寄生调查记载表

调查日期（月/日）	世代	采集地点	类型田	幼虫寄生			蛹寄生			幼虫、蛹寄生率（%）	备注
				检查虫数（头）	寄生虫数（头）	寄生率（%）	检查蛹数（头）	寄生蛹数（头）	寄生率（%）		

3. 卵块密度、孵化进度调查

根据成虫发生情况，分期调查。成虫始盛期后3 d，每隔5 d调查一次，共查3～4次。

（1）**卵块密度调查**。根据水稻品种、播期、移栽期等将水稻大田划分为几种类型田，每类型田选择有代表性的田块 2 块，采取平行跳跃式取样，每块田定点取 5 个样点，每样点 4 m²，摘取样点内全部卵块；秧田划定 10 m² 作为卵量观察圃，每次调查在计数全部卵块后，摘除卵块，并计算卵块密度。

（2）卵孵化进度及寄生率调查。 将水稻大田卵密度调查时摘取的卵块按点分放在不同的试管内，管口用湿脱脂棉球塞紧，置于室内逐日观察卵块孵化情况，累计孵化进度，记载卵块和卵粒被寄生数，计算寄生率。结果记入表 4。

表 4　二化螟卵块密度和孵化进度调查记载表

调查日期（月/日）	世代	调查地点	类型田	品种	生育期	水稻长势	调查丛数或面积（m²）	当天卵块数（块）	累计卵块数（块）	当天孵化卵块数（块）	累计孵化卵块数（块）	累计孵化率（%）	累计寄生卵块数（块）	累计寄生卵粒数（粒）	累计寄生率（%）	667 m² 卵块数（块）	备注

注：①孵化卵块数指 50% 以上卵粒孵化卵块。②卵块密度如由被害团推算得来应加注明，并注明被害团数。

在卵块密度很低的地区、年份或世代，采用查枯鞘的方法代替查卵，调查方法见 "4.螟害率、各代虫口密度调查"。

4. 螟害率、各代虫口密度调查

枯鞘率调查在分蘖期进行，枯心率调查于当代二化螟化蛹率达 30% 时进行，枯孕穗、白穗、虫伤株调查于水稻黄熟期进行。按水稻类型、品种、移栽期、抽穗期，或按螟害轻、中、重分成几个类型，在每类型中选择有代表性的田块调查。

每块田采用平行跳跃法取样 100 丛，计算其中的被害株数。连根拔取 50 丛稻内的全部被害株，如枯心、枯鞘、虫伤株、枯孕穗和白穗等，剥查其中幼虫和蛹的数量及其发育级别，计算螟害率，同时调查 20 丛稻的分蘖或有效穗数。结果记入表 5。

表5 二化螟虫口密度及被害率调查表

调查日期（月/日）	世代	类型田	品种	生育期	调查丛数（丛）	平均每丛		调查株数（株）	调查虫量（头）		每块田活虫量（头）	死亡率（%）	占稻螟总活虫量比例（%）	被害株数	被害株率（%）	备注
						分蘖数	有效穗数		活虫数	死虫数						

注：备注栏内注明防治情况。

5. 成虫诱测

（1）灯光诱测。 用 200 W 白炽灯或 20 W 黑光灯（波长 365 nm），灯高（灯泡或灯管距地面）1.5 m 左右，进行诱测。每年从越冬代幼虫初见蛹时（一般3月中旬）开始，至秋季末代螟蛾终见后1周（一般10月中旬）为止。每天黄昏开灯，天明关灯。将诱集物分日存放，并定期取回，置于室内区别种类，清点虫数。观测结果记入表6。

表6 二化螟灯诱记载表

调查日期（月/日）	雌（头）	雄（头）	合计（头）	开灯期间的气象要素	备注

注：备注栏内注明所用诱蛾灯种类。

（2）性诱剂诱测。 用二化螟专用性诱剂诱捕二化螟的雄蛾，诱捕器应放置在水稻田中，设置3台钟罩倒置漏斗式诱捕器，相距至少50 m，呈正三角形放置，每个诱捕器与田边距离不少于5 m。水稻秧苗期，诱捕器放置高度50 cm；水稻成株期，诱捕器底边低于水稻冠层叶面20～30 cm。诱芯每30 d更换一次。每年从越冬代幼虫初见蛹时（一般3月中旬）开始，至秋季末代螟蛾终见后1周（一般10月中旬）止。每天上午清点虫数，并清空诱捕器中的虫体。观测结果记入表7。

表7　二化螟成虫性诱记载表

调查日期（月/日）	调查地点	代别	诱测数量（头）					备注
			诱捕器1	诱捕器2	诱捕器3	平均	累计	

注：备注栏内注明当天晚上天气情况及风向。

三、测报方法

1. 历期预测

根据不同温度下的各龄幼虫历期、各级蛹历期和产卵前期、卵的历期等，作出成虫发生期、卵块孵化期以及防治适期的预测。

（1）成虫发生期预测。自蛹壳向前累加达到始盛、高峰、盛末的标准，即可由该龄幼虫或该级蛹到羽化的历期推算出成虫羽化盛期、高峰期、盛末期。

$$\begin{matrix}\text{成虫发生始盛、}\\ \text{高峰、盛末期}\end{matrix} = \begin{matrix}\text{检查}\\ \text{日期}\end{matrix} + \begin{matrix}\text{达到始盛、高峰、}\\ \text{盛末期标准的虫龄}\\ \text{或蛹级的1/2历期}\end{matrix} + \begin{matrix}\text{下一虫龄或}\\ \text{下一蛹级到}\\ \text{羽化的历期}\end{matrix}$$

一般根据各虫态所出现的量的百分比，按16％～20％、46％～50％、80％分别划分为始盛期、高峰期、盛末期3个主要发生时期。

例　应用化蛹进度预测下代成虫羽化进度（江苏阜宁）。

采用隔天调查1次的方法。选择当地有代表性的稻田进行调查，记录幼虫和蛹数，计算化蛹率（表8），7月21～22日化蛹率达16％左右，7月24～26日达50％左右，7月31日达80％左右。在此基础上分别加上当地当时或常年气温下的一代二化螟蛹历期（8 d左右），就可算出第二代二化螟蛾的发蛾始盛期为7月29～30日、高峰期为8月2～4日、盛末期为8月8日。经验证结果，当年田间实际发蛾始盛期、高峰期和盛末期分别为7月31日、8月5

日和 8 月 9 日，即预测日比实际发生日提早 1～2 d。

表 8　一代二化螟化蛹及羽化进度

日期（月/日）	7/16	7/18	7/20	7/22	7/24	7/26	7/28
化蛹进度（%）	1.16	3.90	8.06	19.44	49.48	50.72	—
羽化进度（%）	—	—	—	—	—	—	5.90

日期（月/日）	7/30	8/1	8/5	8/7	8/9	8/11	
化蛹进度（%）	66.67	95.66	—	—	—	—	
羽化进度（%）	11.39	34.72	46.85	61.21	82.29	94.97	

（2）卵块孵化期预测。根据成虫发生期、产卵前期和卵的历期。推算出卵块孵化始盛、高峰、盛末期。

$$\begin{matrix}卵块孵化始盛、\\ 高峰、盛末期\end{matrix} = \begin{matrix}成虫始盛、\\ 高峰、盛末期\end{matrix} + 产卵前期 + 卵的历期$$

2. 期距预测

以上一代某一虫态发生期，加上相应的期距，预测下一代相应的虫态发生期。

下一代虫态发生期＝上一代相应虫态发生期＋常年平均期距或相似年期距

例 应用二化螟各代化蛹期距与化蛹增长率预测各代发生期（浙江省宁波地区农科所）。调查一次越冬代幼虫化蛹率，然后根据当地历年越冬代逐日平均化蛹增长率，推算出越冬代幼虫化蛹高峰期，再分别加上历年越冬代至第一代、越冬代至第二代化蛹平均期距，预测第一代、第二代化蛹高峰期。

1972 年 4 月 10 日调查二化螟越冬代的化蛹率为 38%，查表 9 知越冬代逐日平均化蛹递增率为 2.21%，代入下式，求得至越冬代化蛹高峰期的期距。

$$N＝（50\%-S）\times 100/M$$

式中，N 为调查当日至化蛹高峰期的期距；S 为当日实查的化蛹率；M 为越冬代逐日平均化蛹递增率；50% 为化蛹高峰期的化蛹率。

得：$N=(50\%-38\%)\times100/2.21=5$（d），即 4 月 15 日为越冬代化蛹高峰期。

表9 二化螟各代逐日化蛹递增率

代 别	逐日化蛹递增率（%）		
	最高	最低	平均
越冬	2.58	1.35	2.21
一	5.30	3.62	4.80
二	6.40	4.50	5.23

注：表中为 1956 年、1965 年和 1968 年的平均数据。

查找资料，当地历年二化螟越冬代到第一代化蛹高峰平均期距为（76.13±2.24）d，越冬代到第二代化蛹高峰期平均期距为（111.63±2.64）d。可预测该年：

第一代化蛹高峰期为 4 月 15+（76.13±2.24）d，即 6 月 30 日±2 日；

第二代化蛹高峰期为 4 月 15+（111.63±2.64）d，即 8 月 5 日±3 日。

3. 模型预测

例 1 根据上一代虫口残留量、死亡率等建立模型，预测下一代田间卵块密度。

总虫量=上一代残留活虫总数×（1-死亡率*）

总卵量=总虫量×雌虫百分率（%）（一般为 50%）×每雌产卵块数

* 表示调查后的死亡率，除参考常年田间死亡率外，还必须考虑因收割或其他因素所淘汰的虫量。

例 2 根据二化螟发生与天气等因子的相关性建立模型，预测某一虫态的高峰期。

二 化 螟

上海市浦东地区根据1981—2002年的气象资料（逐日平均温、最高温和最低温、雨日和降水量）和二化螟的逐日上灯蛾量建立二化螟一代蛾峰日预测模型。

$$y = -8.11 - 0.59X_1 + 1.733X_2 + 0.734X_3 + 0.139X_4 + 0.600X_5$$

式中，y 表示二化螟一代蛾峰日；$X_{1\sim5}$ 分别表示5月上中旬雨日、5月上旬距平、6月中旬距平、6月下旬至7月上旬温雨系数及6月高温值。

用15年的资料做回检和用3年的资料做预测检验。回检吻合率为100%，预测准确率为100%。

四、技术资料

1. 各虫态历期

不同温度下，二化螟卵、各龄幼虫及越冬代和第一代蛹的历期见表10、表11及表12；江苏二化螟各龄幼虫历期见表13。

表10 不同温度下二化螟卵的历期（参考GB/T 1579—2009）

温度（℃）	天数（d）	温度（℃）	天数（d）	温度（℃）	天数（d）
35.6	5.0～5.1	24.6	5.7～7.0	19.1	11.1～12.0
33.9	4.1～4.4	22.5	7.3～7.8	17.0	18.4～19.0
31.2	4.2～5.0	20.9	8.4～10.0	15.5	22.0～22.5

表11 不同温度下二化螟各龄幼虫历期（d）（参考GB/T 1579—2009）

代次	一龄	二龄	三龄	四龄	五龄	六龄	七龄	平均温度（℃）
一	5.0	4.1	4.1	5.0	8.2	10.2	13.7	23.1
二	3.1	3.1	3.0	4.9	9.2	7.9	—	30.5
	3.1	3.2	3.3	4.4	7.4	8.2	—	28.7
三	3.0	2.7	5.2	6.2	6.3	5.8		30.3
	3.5	2.6	3.5	3.8	5.6	—		27.8

表 12　不同温度下二化螟各级蛹的历期（d）（参考 GB/T 1579—2009）

蛹级	越冬代				第一代			
	18～22 ℃（平均 20 ℃）		20～27 ℃（平均 21 ℃）		25～30 ℃（平均 26.8 ℃）		27～32 ℃（平均 28.5 ℃）	
	天数	至羽化天数	天数	至羽化天数	天数	至羽化天数	天数	至羽化天数
1 级	1.9	13.8	1.8	11.6	1.0	6.5	0.7	5.9
2 级	2.3	11.8	2.1	9.7	1.1	5.5	1.1	5.1
3 级	1.9	9.5	1.4	7.6	1.0	4.3	0.9	4.0
4 级	2.9	7.6	2.3	6.2	1.0	3.3	1.1	3.1
5 级	2.8	4.6	2.3	3.9	1.1	2.3	1.0	1.9
6 级	1.8	1.8	1.5	1.5	1.1	1.1	0.9	0.9

表 13　二化螟各龄幼虫历期（d）（江苏）

温度（℃）	一龄	二龄	三龄	四龄	五龄	六龄	七龄	幼虫期
25	7	7	5	5	5	6	7	44
28	5	5	5	5	5	5	6	36
30	4	4	4	4	4	5	6	31
33	3	4	4	3	3	4	4	25

资料来源：农作物主要病虫测报办法，1980。

2. 发生程度分级标准

二化螟发生程度分级标准见表 14。

表 14　二化螟发生程度分级标准（参考 GB/T 1579—2009）

发生程度 分级选项	轻发生 1 级	中偏轻 2 级	中等 3 级	偏重 4 级	大发生 5 级
按上代加权平均残留虫量（头）	＜200	200～400	401～700	701～1000	＞1000
按当代加权平均每 667 m² 累计卵量（块）	＜60	61～120	121～180	181～300	＞300

3. 幼虫发育进度分级标准

二化螟幼虫发育进度分级标准见表 15。

表 15　二化螟幼虫发育进度分级标准（参考 GB/T 1579—2009）

龄期 项目	一龄	二龄	三龄	四龄	五龄	六龄
头宽（mm）	0.2～0.3	0.5～0.6	0.8～0.9	1.1～1.2	1.4～1.5	1.7～1.8
体长（mm）	1.7～2.7	4.0～5.0	7.0～7.5	9.0～12.0	17.0～19.0	20.0～25.0

4. 蛹分级特征

二化螟各级别蛹的分级标准见表 16。

表 16　二化螟各级别蛹分级特征（参考 GB/T 1579—2009）

级别	特征
1 级	复眼内斑点残留或消失，中央褐色弧圈在 1/2 以下，圈内基本无色素，中胸背线呈虚线状
2 级	复眼中央弧圈在 1/2 以上，圈内淡褐色，中胸背线仅剩一点点褐色
3 级	复眼中央弧圈在 3/4 以上，圈内红色或棕红色
4 级	复眼全部黑色，有光泽，翅外缘与翅壳不分离
5 级	复眼黑色，有隔膜覆盖，翅外缘与翅壳开始分离或明显分离，但无黑点
6 级	翅外缘黑点隐约可见或明显，近羽化时体呈金黄色，腹部凹凸不平

5. 二化螟卵与被寄生卵的区别特征（参考 GB/T 1579—2009）

孵化前被寄生卵上有黑点，正常卵淡暗红色；

被寄生卵孵化时间比正常卵迟 2～3 d；

被寄生卵上寄生蜂羽化孔口光滑，正常卵孵化口不整齐；

被寄生卵孵化后卵壳黑色，正常卵孵化后卵壳无色。

参考文献

郭玉人，张孝羲，2006. 上海地区水稻二化螟三化螟综合治理技术的研究和
　　开发 [M]. 北京：中国农业出版社.

张跃进，2006.农作物有害生物测报技术手册［M］.北京：中国农业出版社.

张跃进，刘志华，2014.水稻螟虫及稻纵卷叶螟测报与防控技术［M］.北京：
　中国农业出版社.

中华人民共和国农牧渔业部农作物病虫测报站，1983.农作物病虫预测预报
　资料表册（下册）［M］.北京：农业出版社.

中华人民共和国农业部，2009.GB/T 1579—2009　水稻二化螟测报调查规范
　［S］.北京：中国标准出版社.

中华人民共和国农业部农作物病虫测报总站，1980.农作物主要病虫测报办
　法［M］.北京：农业出版社.

三　化　螟

　　三化螟是水稻上的重要害虫，俗称钻心虫，以幼虫危害，食性单一，只危害水稻，造成枯心苗和白穗，影响水稻产量。上海地区一年发生3～4代，以老熟幼虫在田间稻桩内越冬，其发生轻重随着栽培模式的改变而不断变化。21世纪初期，上海郊区以单季稻种植为主，特别是以杂交水稻或优质稻为主的晚熟品种面积扩大，三化螟开始回升，危害较重，已成为上海郊区水稻上的主要害虫之一。在纯单季稻晚栽区，三化螟发生相对较轻。近年来，上海地区田间很少见到该虫。

一、预测依据

1. 虫源与发生规律

　　越冬幼虫化蛹羽化成为越冬代的蛾。成虫羽化后，第二天开始产卵。卵的历期：第一代11～12 d，第二代、第三代均7～8 d，幼虫一般4龄，少数有5龄，幼虫各个龄态的发育进度可作测报上的依据。

　　一头雌蛾可产卵1～7块，平均2～3块，每块有卵40多粒到近100粒。初孵出的蚁螟在稻株上爬行，或吐丝下垂，随风飘到邻近的稻株上。稻苗易受蚁螟蛀入危害，造成枯心，凡稻苗处在分蘖盛期、叶色嫩绿的田块，遇上成虫盛期，受害就重。正在破口抽穗的稻株，也易受蚁螟的蛀入危害，造成白穗。如在灌浆后期受幼虫危害，就造成虫伤株。

　　上海地区各代成虫盛期是：越冬代5月下旬，第一代7月上中旬，第二代 8 月中下旬，有的年份在 9 月中旬至 10 月上旬还可出现第三代成虫的高峰，即有部分第四代幼虫发生。上海郊区全年中以第三代危害最严重。

2. 耕作制度

凡耕作制度复杂、单双季稻混栽，桥梁田、虫源田增加，使各代均有合适的食料条件，蛾盛发期拉长，有利于三化螟发生，单季（双季）连作稻区对越冬代及第二代打击大，因而单季（双季）连作稻区三化螟轻于单双季混栽稻区。

3. 气候条件

三化螟发生的早迟和气候关系非常密切。三化螟蛹的起点温度在 16 ℃左右，因此，早春 3、4 月温度的高低，直接影响第一代发生的早迟。夏、秋季的气温分别影响第二、三代发生期；湿度的高低、降水量的多少与三化螟越冬死亡率的高低关系极大。如湿度低时越冬代幼虫容易干死，湿度太高时则容易窒息或霉烂而死，特别是越冬代幼虫化蛹阶段经常下雨或田间积水，死亡率一般达 90％以上。在幼虫分散危害阶段遇暴雨或稻田淹水，能增加幼虫的死亡率，减轻危害。

二、调查内容和方法

1. 虫口密度和死亡率调查

（1）越冬代调查。 越冬初期，在水稻收割后至冬作物播种完调查一次。越冬后期，在越冬幼虫化蛹始盛期调查 1 次。遇下中、大雨后再补查一次死亡率。

按当地主要有效越冬虫源田（螟害轻、中、重）分 2～3 个类型田，每类型田选择有代表性的田块 2～3 块。采用单对角线五点取样，每样点 1 m²，未耕翻田在每样点内随机拔取稻根 20～60 丛，直播田或翻耕冬种田拾取 5 个样点内的全部可见稻根，分别进行剥查，检查活虫数和死虫数，计算各类型田平均虫口密度、死亡率。调查结果计入表 1。

三 化 螟

表1 三化螟虫口密度及死亡率调查记载表

调查日期（月/日）	类型田	品种	生育期	调查丛数（丛）或面积（m²）	活虫数（头）	死虫数（头）	折合667 m²活虫数（头）	死亡率（%）

注：类型田为前茬方式，如绿肥田、冬闲田、深翻田等。下同。

(2) 冬后各代调查。在各代化蛹始盛期结合螟害率调查一次。

每代分不同类型田，每类型田选择有代表性的田3～5块，总数不少于10块。每块按螟害率调查方法，采取平行跳跃法取样，每块连根拔取200丛（直播稻5 m²），将稻内的全部被害株进行剥查，记载活虫数和死虫数，并折算出每667 m²活虫数。将调查结果记入表1。

2. 幼虫和蛹发育进度调查

在各代化蛹始盛期前开始到羽化盛末期结束，每隔3～5 d调查一次，调查2～3次。

各代可选择2～3个主要类型田调查。如各类型田的发育进度相差不大，可在各类型田内都拔取一些被害株（稻根）合并起来剥查。如各类型田的发育进度相差较大，应分不同类型田调查，算出加权平均发育进度，或调查时按各类型田虫量比例剥取相应的虫数，合并在一起计算，记载幼虫龄次、蛹级和蛹壳数。调查结果计入表2。

表2 三化螟幼虫和蛹发育进度调查记载表

调查日期（月/日）	世代	调查地点	类型田	品种	生育期	总虫数（头）	活虫数（头）	死虫数（头）	死亡率（%）	各龄幼虫及蛹数量（头）及所占比例（%）														
										一龄		二龄		三龄		四龄		五龄		预蛹		蛹壳	
										头	%	头	%	头	%	头	%	头	%	头	%	头	%

拔取被害株时，每个被害团应随机连根拔取2～3根新、老被

害株，拔时要保持植株完整，防止拔断和把虫、蛹捏烂或脱落失散。各类型田的发育进度最好同一天查完。每次剥查的活虫数应在50头以上，低密度时也不能少于30头，以免影响准确性。

3. 卵块密度、孵化进度调查

从每代发蛾始盛期开始，每3～5 d调查一次，查卵块密度至盛蛾末期后结束，孵化进度要查至全代孵化完毕。

每代按水稻类型、品种、移栽期、水稻长势和抽穗情况划分几个类型。每类型田选择有代表性稻田1～2块，每块固定500～1000丛或10 m²（根据卵量多少可适当增减）。将每次查得的卵块连稻根拔起。除计算卵块密度外，还应分不同类型田将未孵化卵株集中移栽在稻田一角，每天下午定时观察一次卵块的孵化进度，直至全部卵块孵化结束，同时分类型田计算当天孵化率和全代孵化率。

在低密度的世代，可以在当代主要分布田内划定（0.5～1）×667 m²面积，从预报盛孵初期开始，每2～3 d调查一次新出现的被害团数，直至被害团停止增加。最后计算被害团数和出现的时间，推算卵块密度和孵化率。调查结果计入表3。

表3　三化螟卵块密度和孵化进度调查记载表

调查日期（月/日）	类型田	品种	生育期	水稻长势	调查丛数或面积（m²）	当天卵块数	累计卵块数	当天孵化卵块数	累计孵化卵块数	累计孵化率（%）	折合每667 m²卵块数	备注

注：①孵化卵块数指50%以上卵粒孵化卵块；②卵块密度如由被害团推算得来应加注明，并注明被害团数。

4. 螟害率调查

在各代三化螟危害造成枯心苗和白穗基本定局后各进行一次。

每代按水稻类型、品种、移栽期、抽穗期或按螟害轻、中、重分成几个类型，每类型选择有代表性的田 2～3 块，每块田采用平行跳跃法取样 200 丛，计算其中的被害株数，同时调查 20 丛稻的分蘖或有效穗数，计算螟害率（注意区分螟害率中三化螟、二化螟和大螟各自造成的百分率）。

在低密度的世代或田块，可先调查每 667 m² 被害团数和被害团数内的被害株数，再求出每 667 m² 苗数或穗数，然后推算出螟害率。调查结果计入表 4。

表 4　三化螟被害率调查记载表

调查日期（月/日）	水稻类型	品种	生育期	调查丛数或调查面积（m²）	调查株数	螟害数			被害率		防治情况	备注
						被害团数	被害丛数	被害株数	被害丛率（%）	被害株率（%）		

注：①调查株数可由 20 丛株数折算；②被害株数或螟害率如从被害团数推算所得，应在备注栏内注明。

5. 成虫诱测

用 200 W 白炽灯或 20 W 黑光灯（波长 365 nm），灯高（灯泡或灯管距地面）1.5 m 左右，进行诱测。每年从越冬代幼虫初见蛹时开始，至秋季末代螟蛾终见后 1 周为止。每天黄昏开灯，天明关灯。将诱集物分日存放，并定期取回，置于室内区别种类，清点虫数。观测结果记入表 5。

表 5　三化螟灯诱记载表

调查日期（月/日）	雌（头）	雄（头）	合计（头）	开灯期间的气象要素	备注

注：备注栏内注明所用诱蛾灯种类。

三、测报方法

1. 分龄分级预测

（1）卵分级预测。根据卵块或卵粒的颜色变化，进行分级，预报卵的孵化期或防治适期。如某地 7 月 30 日检查三化螟第三代卵块发现 4 级占 16％，3 级占 30％，2 级占 40％，1 级占 14％。据表 6 所列各级卵完成发育所需天数，便可预测三化螟第三代卵孵化始盛期（16％～20％）是 7 月 31 日至 8 月 1 日，高峰期（46％～50％）是 8 月 3～4 日，盛末期（80％以上）是 8 月 5～6 日。

表6　三化螟第三代卵的发育进度

级别	卵块	卵粒	本级发育所需要天数（d，30 ℃）
1级	乳白色	白色半透明	1
2级	淡褐到灰褐色	黄白到灰白色，半透明	2
3级	灰白色	灰白色	3
4级	灰黑到黑色	可见卵内幼虫	1～2

（2）幼虫分龄和蛹分级预测。根据田间幼虫、蛹发育进度调查结果，参考气象预报，加相应的虫态历期，预测发蛾期。方法是幼虫按龄、蛹分级，计算各龄、级虫数及占总虫数的百分率，然后从最高发育级向下依次逐级（龄）累加，计算累加百分率，作出预测。

　　例　某日调查三化螟化蛹率达 10％，要累加到 16％尚需 6％的虫龄，而五龄幼虫占 18％，则预测如下。

　　　　发蛾始盛期＝调查日期＋6/18×五龄历期＋蛹期

　　再根据预测的发蛾始盛期、高峰期和盛末期，加上产卵前期和常年当代卵历期，即为孵化始盛期、高峰期和盛末期。

2. 期距预测法

　　积累有多年历史资料的测报站，可采用期距法预测。根据当地多年的历史资料，计算出两个世代或两个虫态之间的间隔天数（即期距），计算历年期距的平均值，还要计算这一平均值的标准差，以衡量平均数的变异大小，并找出早发、中发和迟发年的期距，在环境条件变化较大时，除参考历年期距平均值外，结合选用历史上气象、苗情等相似年期距，作出预报。

3. 计算法预测

根据虫口基数，常年蛹始盛期后的死亡率，虫源田面积和下代分布田面积，卵块寄生率以及每一有效卵块造成枯心苗（白穗）数等资料，可预测下一代蛾量、卵发生量与危害程度。

$$\genfrac{}{}{0pt}{}{观测区内}{总发蛾量} = \sum \left(\genfrac{}{}{0pt}{}{某种类型田蛹始盛期}{时每\ 667\ m^2\ 活虫数} \times 面积\right) \times \left(1 - \genfrac{}{}{0pt}{}{蛹始盛期后}{的死亡率}\right)$$

$$观测区内总卵量 = 总发蛾量 \times 雌蛾百分率（\%）\times 每雌蛾产卵块数$$

$$每\ 667\ m^2\ 分布田平均卵块密度（块）= \frac{总卵量（块）}{分布田面积}$$

此外，如果积累有多年历史资料，可用上一代活虫密度，计算出上一世代每 100 头残虫产生的卵块数，推算出下一代卵块发生量。

$$分布田每\ 667\ m^2\ 虫量 = \frac{蛹始盛期活虫密度 \times 虫源田面积}{分布田面积}$$

$$分布田每\ 667\ m^2\ 卵块数 = \frac{分布田每\ 667\ m^2\ 虫量 \times 百头虫产生卵块数}{100}$$

4. 有效基数预测

根据上一代有效虫口基数，推算下一代发生量和危害程度。通常采用下列公式计算。

$$\genfrac{}{}{0pt}{}{每\ 667\ m^2\ 卵}{块密度（块）} = \frac{\sum\left[（各类型田有效虫口基数）\times 0.5 \times 每头雌蛾产卵量\right]}{受卵田面积}$$

5. 经验预测

根据卵块或"枯心团"数，定防治枯心田块；根据卵块孵化进度，定防治枯心日期。在各代三化螟成虫高峰期后，查卵块数和"枯心团"数。每 667 m² 有 30 块卵块或有 30 个"枯心团"的田块确定为防治田块。结合查卵，挖取连根带土有卵稻苗 50 株左右，集中移栽，每天下午调查卵孵化进度，卵块孵化高峰期或孵化始盛期为用药时期。

查盛孵期内水稻孕穗情况，定防治白穗田块；查水稻破口情况，定防治白穗日期。一般来说，在孵化盛期内，孕穗大肚稻株10％以上、齐穗稻株不足80％的田块，为防治白穗的对象田；而孵化始盛期前齐穗80％以上的田块和孵化盛末期后大肚稻株不足10％的田块，则不必防治白穗。确定防治对象田后，一般在破口株占40％～50％时用药。

6. 模型预测

三化螟田间发生数量消长与虫源基数、水稻栽培制度与品种布局、气候等密切相关。各地可根据历史资料，找到影响发生量的主导因子。通过相关显著性测试，建立回归预测式，综合分析后作出预测。

例1 上海市南汇地区根据 1981—2002 年的气象资料（逐日平均温、最高温和最低温、雨日和雨量）建立三化螟越冬代累计蛾量预测模型。

三化螟越冬代累计蛾量预测模型直接用 263 个气象因子和 19 年的累计蛾量（Y）进行多元逐步回归分析，各因子在 $P = 0.05$ 水平下入选，可得到如下公式。

$$Y = 612.6 - 0.12X_1 + 16.37X_2 - 36.62X_3 + 19.79X_4 - 20.61X_5 - 81.65X_6 + 79.16X_7 - 15.02X_8 - 0.59X_9$$

式中，$X_{1\sim9}$ 分别表示 3 月份的降水量，1 月中下旬和 4 月的雨日，3 月上旬和 12 月中旬的平均温度，1 月中旬、5 月中旬和 4 月下旬的温度距平，4 月下旬温雨系数。用 19 年的资料做回检和用 3 年的气象因子做预测检验。相关系数 $r > r_{0.05}$，$P < 0.05$，呈显著相关。用 2019 年的资料回检得平均值 $\bar{Y}$ 与实际 $\bar{Y}$ 值分别为 72 头和 72.3 头，历史吻合率达 100％。3 年的预测检验理论平均值 $\bar{Y}$ 与实际 $\bar{Y}$ 值分别为 284.1 头和 234.6 头，预报准确率 66.6％。

例2 三化螟二代蛾峰日发生期预测模型共得两个预测方程。

（1）各因子在 $P = 0.05$ 水平下入选，可得到预报方程。

$$Y = -93.9 - 0.0006X_1 - 2.75X_2 - 0.0007X_3 + 0.16X_4 + 0.72X_5 + 0.81X_6 + 0.016X_7 + 0.041X_8 + 6.47X_9 - 0.039X_{10} + $$

$0.058X_{11}+2.53X_{12}+0.0008X_{13}$

式中，Y为三代螟二代蛾峰日；$X_{1\sim13}$分别表示8月下旬至9月上旬降水量、5月上旬雨日、9月中下旬雨日、8月份雨日、9月份雨日、6月下旬至7月上旬均温、8月份均温、9月上旬距平、7月上中旬距平、8月下旬温雨系数、7月下旬至8月上旬温雨系数、6月高温值和越冬代累计蛾量。

用15年的资料做回检和用3年的资料做预测检验。回检吻合率为100%，预测准确率为66.7%。

(2) 各因子在$P=0.04$水平下入选，可得到预报方程。

$$Y=-57.83+4.95X_1+2.08X_2$$

式中，Y为三代螟二代蛾峰日；$X_{1\sim2}$分别表示7月上中旬距平和7月高温值。

用15年的资料做回检和用3年的气象因子做预测检验。回检吻合率为80%，预测准确率为66.7%。

四、技术资料

1. 各龄幼虫特征

三化螟各龄幼虫及预蛹的特征见表7。

表7 三化螟各龄幼虫及预蛹特征

龄期	体长（mm）	特征
一龄	1.2～1.4	初孵幼虫黑色，第一腹节背面白色或有明显白环
二龄	3.2～3.5	头黑褐色，体淡黄色，前胸和中胸交界处可以透见一对纺锤形的隐斑，连接头壳后缘上
三龄	5.2～6.1	体黄白色，背部中央可透见背血管（半透明线），前胸背板后半部有一对淡黄褐色三角形隐斑
四龄	8.4～11.5	体黄绿色，前胸背板后部有一对新月形的褐斑，靠中央排列
五龄	14.3～15.4	体淡黄绿色，前胸背板与四龄幼虫相同，但趾钩比四龄粗壮

资料来源：水稻螟虫及稻纵卷叶螟测报与防控技术，2014。

2. 蛹分级标准

三化螟蛹的分级标准见表 8。

表 8　三化螟蛹分级标准

蛹级	特征
0 级	复眼与身体一色，复眼后侧有鲜红小点
1 级	复眼后缘处有 1/4 眼面变淡红褐色
2 级	复眼褐色范围扩大到 1/3～1/2
3 级	复眼褐色范围扩大到 3/4 以上，近头顶部分界线不明显
4 级	复眼全部褐色，雌蛹尾节背面由黄绿色变绸白色
5 级	复眼变黑或黑褐色，翅芽变蜡白色
6 级	复眼蒙上白色薄膜，但能透见内部黑色
7 级	复眼全部蒙上金色薄膜，但仍能透见内部黑点，翅芽开始变色（雄蛹变灰褐色至茶褐色，翅点与斜纹开始显现；雌蛹变鲜橙红色，翅点明显）；腹部背面后期现淡金黄色
8 级	复眼由褐变灰黑色，雄蛹全身银灰色，翅芽由茶褐色变灰黑色，雌蛹全身金黄色，翅芽变鲜艳金黄色；腹开始膨胀，后期节间伸长

资料来源：水稻螟虫及稻纵卷叶螟测报与防控技术，2014。

3. 蛹的历期

三化螟蛹在不同温度的历期见表 9。

表 9　三化螟不同温度的历期

平均温度（℃）	蛹历期（d）	预蛹历期（d）	平均温度（℃）	蛹历期（d）	预蛹历期（d）
16.5	27.1	4 d 以上	21.4～21.9	15	2～3.9
17.2	25		22.1～22.3	14	
17.5～18.2	23	2～3.9	22.6～23.0	13	
18.5～18.9	22		23.2～23.7	12	
19.0～19.4	21		24.0～24.5	11	0.9～1.9
19.8～20.2	20		25.0～25.5	10	
20.3～20.6	19		26.0～26.7	9	
20.7～21.0	18		27.0～29.5	8	0.7～0.8
21.1～21.3	16		31.0～33.0	7	

资料来源：水稻螟虫及稻纵卷叶螟测报与防控技术，2014。

4. 卵分级标准

三化螟卵的分级标准见表10。

表10　三化螟卵分级标准

级别	卵块底面颜色	卵粒颜色
1级	乳白色	白色、半透明
2级	淡褐到灰褐色	黄白到灰白，半透明
3级	灰白色	灰白
4级	灰黑到黑色	可见卵内幼虫

资料来源：水稻螟虫及稻纵卷叶螟测报与防控技术，2014。

5. 幼虫历期

三化螟幼虫的各龄平均历期见表11。

表11　三化螟幼虫各龄平均历期（d）

代别	一龄	二龄	三龄	四龄
一	4.7	5.4	5.6	12.3
二	3.5	3.8	3.7	6.2
三	3.7	4.0	4.3	8.0

资料来源：水稻螟虫及稻纵卷叶螟测报与防控技术，2014。

6. 发生危害程度分级标准

三化螟发生危害程度分级标准见表12。

表12　三化螟发生危害程度分级标准

指标＼分级	轻发生（1级）	偏轻发生（2级）	中等发生（3级）	偏重发生（4级）	大发生（5级）
每667 m² 卵块（块）	50以下	50～150	151～300	301～500	500以上
面积比例（%）	80以上	25～50	20～50	20～50	50以上

资料来源：水稻螟虫及稻纵卷叶螟测报与防控技术，2014。

参考文献

郭玉人，张跃进，2006.上海地区水稻二化螟三化螟综合治理技术的研究和开发［M］.北京：中国农业出版社．

张跃进，2006. 农作物有害生物测报技术手册［M］.北京：中国农业出版社．

张跃进，刘志华，2014. 水稻螟虫及稻纵卷叶螟测报与防控技术［M］.北京：
中国农业出版社．

中华人民共和国农牧渔业部农作物病虫测报站，1983. 农作物病虫预测预报
资料表册（下册）［M］.北京：农业出版社．

中华人民共和国农业部农作物病虫测报总站，1980. 农作物主要病虫测报办
法［M］.北京：农业出版社．

大 螟

　　大螟又称蛀茎夜蛾，属鳞翅目夜蛾科，是水稻和玉米上的重要害虫之一，还危害棉花、麦类、油菜、蚕豆、向日葵和茭白等作物，危害水稻造成枯心苗、白穗、枯孕穗和虫伤株。上海地区一年发生3～4代，以幼虫越冬，大螟抗逆力较强，耐低温，三龄幼虫就能安全越冬。近年来上海地区大螟比例上升很快，给水稻生产带来很大威胁。

一、预测依据

1. 虫源及习性

　　越冬场所不同，越冬代发生期有显著差异。以在稻桩直接化蛹的发生最早，在春花植物上化蛹的发生最迟。由于越冬场所多，越冬幼虫化蛹、羽化有迟有早，因而各代发生很不整齐，有世代重叠现象。大螟抗逆能力强，死亡率低。成虫有在田边产卵的习性，所以近田埂2m内的稻株虫口密度特别高。第一代蛾在早发的情况下，由于稻苗尚小，大多数产卵在田边杂草上，孵化后再迁到稻田的边行稻株上危害。

2. 栽培管理

　　春花作物面积扩大，增加了越冬虫源面积；迟熟早稻面积扩大，提高了二代大螟的有效转化率。大螟喜产卵于秆高、茎粗、叶阔、色浓绿、中鞘抱合不紧的水稻上，所以杂交稻和早播早插的稻田往往受害较重。大螟除危害水稻外，还危害大麦、小麦、玉米、油菜、甘蔗、粟、高粱、茭白等作物以及芦苇、稗等杂草。田间稗草混杂率高，也有利于大螟产卵。因此，大面积种植玉米、甘蔗、高粱、茭白等作物附近的稻田，大螟发生较重。

3. 天气条件

温度与各虫态历期密切相关。卵的发育起点温度为（13.35±2.61）℃，有效积温为 286 ℃；蛹的发育起点温度为（11.34±1.4）℃，有效积温为 153.11 ℃。温度 28 ℃以上时，幼虫和蛹的历期有所增长。由于温度与虫态历期有关，因此同一地区年度之间各代大螟的发生期和危害程度不同。一般 3～4 月温度回升早，第一代发生期也就早，反之则迟。

二、调查内容和方法

1. 虫口密度与发育进度调查

越冬后及各发生世代在化蛹始盛期前后调查一次。

越冬后调查，选有代表性的冬闲田、春作物田及绿肥田等各 2～3 块，采取跳跃式多点取样法，每块田挖取稻桩 100～200 丛，对麦田和油菜等作物需增加对危害株虫量的调查，计算冬后虫口密度。同时，剥查稻桩或植株中的活虫数（剥查的活虫数在 30 头以上），分别记载不同龄级幼虫、蛹和蛹壳数，计算虫口密度。

发生代调查，应选择当地各代大螟危害程度不同的稻田各 2～3 块，先巡视全田大螟的危害情况，划定集中危害区和一般危害区的范围，然后分别在集中危害区和一般危害区内进行平行跳跃式取样，每块田调查 200 丛，调查变色叶鞘、枯心、虫伤株和白穗，拔取被害株，剥查大螟虫数（剥查的活虫数在 30 条以上），分别记载不同龄级幼虫、蛹和蛹壳数，计算虫口密度。结果记入表 1。

2. 螟害率调查

在各代大螟危害定局后各调查一次，与发生代虫口密度调查结合进行。每代按水稻类型、品种、移栽期、抽穗期，或按螟害轻、中、重分成几个类型，每类型选择有代表性的田 2 块，每块田采用平行跳跃式取样或双行直线连续取样 200 丛，危害轻的取样数量要增加，计算其中的被害株数，同时调查 20 丛水稻的分蘖数或有效穗数，计算螟害率，调查与计算结果记入表 2。

表 1　水稻大螟虫口密度与发育进度调查记载表

调查日期（月/日）	类型田	水稻品种	生育期	每667m²丛数	调查丛数或面积（m²）	活虫数（头）	死虫数（头）	每667m²活虫数（头）	死亡率（%）	幼虫各龄（蛹级）数（头）及所占比例（%）																		化蛹率（%）	备注
										一		二		三		四		五		六		预蛹		蛹壳					
										头	%	头	%	头	%	头	%	头	%	头	%	头	%	头	%				

注：类型田为当地主要的播种方式，如机插、直播和机穴直播等，及当前的主要前茬方式，如绿肥田、冬闲田、深翻田等。下同。

表 2　大螟被害率调查表

日期（月/日）	水稻类型	品种	生育期	调查丛数	调查株数	螟害数		被害率		防治情况	备注
						被害丛数	被害株数	被害丛率（%）	被害株率（%）		

3. 成虫诱测

用 200 W 白炽灯或 20 W 黑光灯（波长 365 nm），灯高（灯泡或灯管距地面）1.5 m 左右，进行诱测。每年从越冬代化蛹始盛期后 1 周（约 3 月中旬）开始，至秋季末代螟蛾终见后 1 周（约 10 月中旬）为止。每天黄昏开灯，天明关灯。将诱集物分日存放，并定期取回，置于室内区别种类，清点虫数。观测结果记入表 3。

表 3　大螟灯诱记载表

调查日期（月/日）	雌（头）	雄（头）	合计	开灯期间的气象要素	备注

注：备注栏内注明所用诱蛾灯种类。

4. 卵消长及孵化进度调查

有条件的单位，可在当地各种类型水稻移栽的同时，在稻田近空旷处的田边稻行中，栽 100 株稗草，株距 1 m，单行沿田边栽插，观察一代卵的消长。稗草的苗龄应和秧龄相同。用稗草作二、三代卵消长观察时，稗草的苗龄要比秧龄短 5 d 左右。移栽后，控制每株分蘖在 12 株左右，诱集大螟雌蛾产卵。自各代大螟羽化始盛期起，隔日调查一次，每次每丛剥取 2 株，共 200 株，调查记载稗草叶鞘内的总卵量，并根据卵色判定调查期新增卵量和已孵化的卵量，也可将带卵稗草集中栽入田角，观察卵孵化进度。调查结果填入表 4。

表 4　大螟卵块消长及孵化进度调查表

调查日期（月/日）	地点	品种	生育阶段	生长情况	取样面积或数量	当天卵块数（块）	累计卵块数（块）	当天孵化卵块数（块）	累计孵化卵块数（块）	累计孵化率（%）	备注

5. 卵块密度和初期危害状调查

一代在成虫羽化高峰后 5 d，以后各代在成虫羽化高峰后 3 d，分别对不同类型田进行调查。水稻田调查田边第一行稻，取 5 个点，每点 20 丛，共查 100 丛稻。稻田稗草较多的地区，要注意检查稗草的卵量，每块田查 10 个点，每点 1.11 m²，查清点内稗草叶鞘内的卵量。也可以在卵孵始盛至高峰期，用上述取样方法调查各类型田中初孵幼虫危害叶鞘和稻苞的白色斑块数，用以推算卵数量。查得的各类型田卵块数和初期危害状数，可供划分重点防治对象田参考。调查结果记入表 5。

表5　大螟卵块密度及危害状调查记载表

调查日期（月/日）	寄主植物	田块类型	代表田面积（m²）或丛数	调查面积（m²）或丛数	卵块数	危害状数	每667m²卵块数	每667m²危害状数	卵块发育进度					备注
									1级	2级	3级	4级	卵壳	

三、测报方法

1. 历期法预测

（1）根据幼虫和蛹发育进度预测发生期。 根据化蛹始盛、高峰和盛末期，加上蛹历期预测成虫羽化始盛、高峰和盛末期。再加上产卵前期和卵历期，预测相应的卵孵化期（各级蛹历期见表6）。发布中期预报也可用分龄分级法进行。

$$\begin{matrix}\text{成虫发生始盛、}\\\text{高峰、盛末期}\end{matrix} = \text{检查日期} + \begin{matrix}\text{达到始盛、高峰、盛末期}\\\text{标准的虫龄或蛹级的历期}\end{matrix} + \begin{matrix}\text{下一虫龄或下一}\\\text{蛹级到羽化的历期}\end{matrix}$$

（2）根据性诱或灯诱成虫消长预测发生期。 根据发蛾始盛、高峰和盛末期，发布二、三龄幼虫发生期预报并提出防治适期（成虫产卵前期见表7、表8）。

$$\begin{matrix}\text{各龄幼虫始盛、}\\\text{高峰、盛末期}\end{matrix} = \begin{matrix}\text{成虫始盛、高}\\\text{峰、盛末期}\end{matrix} + \text{产卵前期} + \text{卵的历期} + \begin{matrix}\text{各龄幼虫的}\\\text{幼虫历期}\end{matrix}$$

（3）根据卵块发育进度预测发生期。 根据卵块发育进度加上各级卵的相应历期（表9、表10、表11），预测卵孵化始盛、高峰和盛末期。对已发布的预报进行验证和校正。

$$\begin{matrix}\text{卵块孵化始盛、}\\\text{高峰、盛末期}\end{matrix} = \begin{matrix}\text{成虫始盛、高}\\\text{峰、盛末期}\end{matrix} + \text{产卵前期} + \text{卵的历期}$$

2. 经验预测

一般可根据虫口密度、死亡率、螟蛾性比、成虫产卵量、幼虫危害等参数，以及苗情、天气状况和天敌情况，参考历史资料，进行综合分析，预测各类型田的发生量和危害程度。

四、技术资料

1. 蛹分级特征及历期
大螟蛹的分级特征及历期见表6。

表6　大螟蛹分级特征及历期

蛹级	形态特征				发育历期					
	复眼色	体色	翅芽色	白色分泌物	越冬代		一代		二代	
					历期(d)	至羽化所需天数(d)	历期(d)	至羽化所需天数(d)	历期(d)	至羽化所需天数(d)
1级	嫩黄	嫩黄，有小黑点	嫩黄	无	0.78	19.66	0.15	8.36	0.18	8.78
2级	红棕至棕色，出现弧线	淡棕至棕	棕	无	3.52	18.88	1.09	8.21	1.00	8.60
3级	棕褐色	棕褐	棕红	头、胸部可见	4.73	15.36	2.51	7.12	2.90	7.60
4级	深褐至黑褐色	褐	深棕	头、胸、腹均有	4.36	10.57	1.91	4.61	1.60	4.70
5级	黑色，隐见短线状条纹	深褐	灰褐	头、胸、腹均有	4.61	6.27	1.98	2.70	1.60	3.10
6级	黑色，有明显短线状条纹	带光泽	黑褐	头、胸、腹均有	1.66	1.66	0.72	0.72	1.50	1.50
全蛹期(d)					19.66		8.36		8.78	

资料来源：水稻螟虫及稻纵卷叶螟测报与防控技术，2014。

2. 成虫寿命及产卵前期

江苏地区大螟成虫的寿命及产卵前期见表 7，产卵前期及产卵高峰前期见表 8。

表 7　大螟成虫寿命及产卵前期（江苏通州）

世代	成虫寿命（d）				产卵前期（d）	
	雌虫		雄虫			
	幅度	平均	幅度	平均	幅度	平均
一	3.5～17	7.2	3～10	6.8	2～5	2.8
二	3～10	5.06	3～9	5.1	1～3.5	2.25
三	3～5	4.25			1～3	2.17

资料来源：水稻螟虫及稻纵卷叶螟测报与防控技术，2014。

表 8　大螟成虫产卵前期及产卵高峰前期（江苏）

世代	一代	二代	三代
产卵前期（d）	3	2～3	2～3
产卵高峰前期（d）	5～6	3～4	3～4

资料来源：水稻螟虫及稻纵卷叶螟测报与防控技术，2014。

3. 卵历期

上海地区大螟的卵历期见表 9，江苏通州不同温度下的卵历期见表 10。

表 9　大螟卵历期（上海）

代别	卵期（d）			平均温度（℃）
	最长	最短	平均	
一	14	10	11.8	19.1
二	7	4.5	5.4	29.1
三	9	3	6.3	27.9

资料来源：水稻病虫害，1975。

表 10　不同温度下大螟卵历期（江苏通州）

温度（℃）	18.6	21.7	22.8	25.9	26.7	28.5	29.3
历期（d）	13.3	12.3	8.3	6.2	5.5	5.0	5.3

资料来源：水稻螟虫及稻纵卷叶螟测报与防控技术，2014。

4. 卵的分级与历期

江苏吴县大螟卵的分级及各级卵历期见表 11。

表 11　大螟卵的分级与各级卵的历期以及各级卵到孵化时的历期（江苏吴县）

卵级	卵色	各级卵平均历期（d）			各级卵到孵化历期（d）			备注（观测时温度）
		一代	二代	三代	一代	二代	三代	
1 级	乳白色	2.8	1.0	1.18	11.8	5.89	5.52	第一代 19.5 ℃
2 级	淡黄色	2.15	2.0	2.0	9.0	4.89	4.34	第二代 29.5 ℃
3 级	淡红色	5.5	1.5	1.15	6.5	2.89	2.34	第三代 29.9 ℃
4 级	灰黑色	1.0	1.39	1.2	1.0	1.39	1.2	

资料来源：水稻螟虫及稻纵卷叶螟测报与防控技术，2014。

5. 产卵量

江苏吴县大螟每头雌蛾的产卵块数和每块卵平均粒数见表 12。

表 12　大螟每头雌蛾产卵块数和每块卵平均粒数（江苏吴县）

世代	一	二	三
产卵块数	2～3	2～3	2～3
每块卵平均粒数	27.5	43.5	

资料来源：水稻螟虫及稻纵卷叶螟测报与防控技术，2014。

6. 幼虫历期

江苏通州大螟各龄幼虫历期见表 13。

表 13　大螟各龄幼虫历期（江苏通州）

龄期	一龄	二龄	三龄	四龄	五龄	六龄	预蛹	合计
一代历期（d）	5.2	3.8	4.3	4.5	4.5	6.2	1.2	29.7
二代历期（d）	3.8	3.8	4.4	3.8	5.4	6.2	1.0	28.4

资料来源：水稻螟虫及稻纵卷叶螟测报与防控技术，2014。

7. 蛹历期

江苏通州不同温度下大螟蛹的历期见表 14。

表 14　不同温度下大螟蛹历期（江苏通州）

温度（℃）	14.4	15.3	16.7	17.1	18.2	21.1	22.9	24.2	26.5	27.9	28.9
历期（d）	35.1	32.8	26.8	24.1	21.6	16.8	13.0	11.6	9.7	8.4	7.0

资料来源：水稻螟虫及稻纵卷叶螟测报与防控技术，2014。

8. 蛹分级特征及历期

江苏大螟蛹分四级时每级特征及历期见表 15，各龄幼虫体长和头宽见表 16。

表 15　大螟蛹分四级时每级特征及历期（江苏通州）

级别	分级特征		历期（d）	到羽化所需天数（d）	备注
	复眼	翅芽			
1 级	同体色	淡黄至淡褐色	3	8~9	观察时温度为 28.1℃
2 级	全褐色	棕红色	2.1	5~6	
3 级	黑褐色	黄褐色	2.2	3~4	
4 级	乌黑色	黑褐色	1.2	1	

资料来源：水稻螟虫及稻纵卷叶螟测报与防控技术，2014。

表 16　大螟各龄幼虫体长和头宽（江苏吴县）

幼虫龄期	头宽（mm）		体长（mm）	
	幅度	一般	幅度	一般
一龄	0.2~0.3	0.3	2~5	3~4
二龄	0.4~0.6	0.4	4~7	4~5
三龄	0.6~1.0	0.8	6~10	7~8
四龄	1~1.6	1.4~1.5	10~18	15~16
五龄	1.6~2.0	1.8	16~25	20
六龄	1.8~2.4	2.0	21~30	24~25

资料来源：农作物主要病虫测报办法，1980。

9. 发生程度分级

上海市大螟发生程度分级见表 17。

表 17　大螟发生程度分级表

发生程度		按上代加权平均残留虫量 （每 667 m² 头数）	按当代加权平均累计卵量 （块 / m²）
1 级	轻发生	＜200	＜100
2 级	偏轻发生	201～400	100～200
3 级	中等发生	401～700	201～350
4 级	偏重发生	701～1000	351～500
5 级	大发生	＞1000	＞500

资料来源：上海市农作物主要病虫害发生预测及防治指标。

参考文献

张跃进，刘志华，2014. 水稻螟虫及稻纵卷叶螟测报与防控技术［M］. 北京：
　中国农业出版社.

张跃进，2006. 农作物有害生物测报技术手册［M］. 北京：中国农业出版社.

中华人民共和国农牧渔业部农作物病虫测报站，1983. 农作物病虫预测预报
　资料表册（下册）［M］. 北京：农业出版社.

中华人民共和国农业部农作物病虫测报总站，1980. 农作物主要病虫测报办
　法［M］. 北京：农业出版社.

稻 飞 虱

　　稻飞虱是上海市水稻主要害虫，主要有褐飞虱、白背飞虱、灰飞虱3种，以刺吸水稻茎秆汁液危害，严重时导致水稻局部或成片枯死。褐飞虱、白背飞虱是迁飞性害虫，在上海市不能越冬，一般每年于5～6月份开始从南方迁入上海市。白背飞虱较褐飞虱迁入早，危害早。灰飞虱在上海郊区本地可越冬，也可迁飞，以三、四龄若虫在麦田、绿肥田和看麦娘等杂草上越冬，灰飞虱是传播水稻条纹叶枯病等多种病毒病的媒介，所造成的危害常大于直接吸食危害。本文以褐飞虱和白背飞虱为主进行介绍，灰飞虱可参见水稻条纹叶枯病。

一、预测依据

1. 迁入期及虫口基数

　　褐飞虱成虫迁入量、迁入峰期与发生程度密切相关。迁入主峰期早、迁入虫量大，大发生的概率较高；主峰迁入迟、迁入量少的年份，发生量少。在迁入量中等年份，发生程度受其他因子制约。白背飞虱迁入主峰期早、迁入虫量大，大发生的概率较高。

　　主害代前一世代若虫虫量与主害代发生量呈正相关。成虫量与若虫发生量一般情况下也呈显著相关性。

2. 天气条件

　　褐飞虱发生的适宜温度为22～30 ℃，最适温度为26～28 ℃，适宜相对湿度在80%以上。成虫迁入主峰后20 d内，日最高温度超过33.5 ℃的日数越多，越不利于发生；主害代孵化始盛期后15 d内，日平均温度为24 ℃以上，有利于发生，20 ℃以下不利于发生。若遇盛夏不热、晚秋不凉、夏秋多雨的气候条件，极易造成褐飞虱大发生。

白背飞虱发生的适宜温度为 20～30 ℃，最适温度 25～28 ℃，相对湿度在 85％以上的适温高湿情况下易发生。

3. 栽培管理

稻田长期深灌，排水不良，偏施氮肥，后期田间郁闭、生长嫩绿等均适宜褐飞虱繁殖危害。水稻品种类型也影响褐飞虱的发生，一般常规稻较杂交稻发生重。

稻田防治活动对褐飞虱有明显影响，在防治其他害虫的时候对飞虱有一定的兼治作用，但如果前期过多使用农药，特别是广谱性的农药，会杀伤大量天敌，反而有利于稻飞虱的发生。

二、调查内容和方法

1. 灯光诱测

在空旷稻田中（直径 300 m 范围内无高度超过 6 m 的建筑物和丛林，距路灯等干扰光源 300～350 m）安装虫情诱测灯诱测褐飞虱。虫情诱测灯以 200 W 白炽灯或 20 W 黑光灯（波长为 365 nm）作标准光源，灯源离地面 1.5 m，上方架设防雨罩，下方装集虫漏斗、杀虫装置。长江中下游每年 4 月 1 日至 10 月 10 日全夜开灯诱虫，逐日将诱集的昆虫区分种类及雌雄，记入表 1。如果虫量很大，可采取分格取样，折算总虫量。

表 1　稻飞虱灯诱虫量记载表

调查日期	褐飞虱（头）			白背飞虱（头）			灰飞虱（头）			总计	点灯时
（月/日）	雌	雄	合计	雌	雄	合计	雌	雄	合计	（头）	天气状态

2. 系统调查

（1）**虫量调查。** 根据品种、生育期和长势，选择当地有代表性的各类型田 3～5 块。一般从水稻返青期开始调查，至水稻黄熟期结束，原则上每 5 d 调查一次。调查采用平行双行跳跃式多点取样，定田不定点，每点取 2 丛，取样数根据各阶段虫口密度而定：虫口密度低时（每丛虫量小于 10 头）随机拍查 20 丛，虫口密度大时（每丛大于 10 头时）随机拍查 10 丛。

采用 33 cm×45 cm 的白搪瓷盘作工具，用水湿润盘内壁。查虫时将搪瓷盘轻轻斜扦入稻行，盘下贴水面稻丛基部，快速拍击植株中下部，连拍 3 下，每点计数 1 次，记录各类飞虱的成、若虫数量。每次拍查计数后，清洗白搪瓷盘，再进行下次拍查。结果记入表 2。

表 2　稻飞虱田间虫卵量调查记载表

日期（月/日）	地点	类型田	生育期	调查丛数	飞虱种类	长翅型（头/百丛）			短翅型（头/百丛）			若虫（头/百丛）			百穴虫量	用药情况
						雌	雄	小计	雌	雄	小计	低龄	高龄	小计		
					褐飞虱											
					白背飞虱											
					灰飞虱											

（2）卵量调查。 在各高峰期后 5～7 d 分别调查一次。秧田每平方米成虫数量超过 5 头时，移栽前 3 d 进行一次调查。

大田调查，采用平行跳跃式取样，每点取 1～2 丛，每丛取 1 株。根据卵量多少，共取 10 株或 20 株。秧田采用棋盘式取样 10 点，每点 10 株。带回室内的解剖镜下剖查卵粒数，并按发育进度分四级记载，折算出百株有效卵量，结果记入表 3。

表3　稻飞虱田间卵量调查记载表

调查日期（月/日）	地点	类型田	品种	生育期	平均每丛株数	平均取样株数	卵条数	卵粒数	其中（粒）					寄生率（%）	百株未孵化卵粒数	备注
									1级	2级	3级	4级	已孵化			

（3）大田普查。 在主害前一代二、三龄若虫盛期普查1次，主害代防治前和防治后各查1次。选当地各主要类型田普查20块以上。平行跳跃式取样，每块田取5～10点，每点2丛，调查20丛。调查方法同本田系统调查。成虫分翅型，若虫分高龄（三、四、五龄）、低龄（一、二龄），折算成百穴虫量后记载于表4。

表4　稻飞虱田间虫量普查记载表

调查日期（月/日）	地点	类型田	生育期	成虫（头/百丛）			若虫（头/百丛）			总虫量（头/百丛）	每667 m²平均虫量（万头）	防治情况	备注
				长翅	短翅	合计	低龄	高龄	合计				

（4）天敌调查。 在系统调查田中，结合虫量调查隔次观察天敌的种类和数量。以目测为主，抽查寄生情况。结果记入表5。

表5　稻飞虱田间虫量消长调查记载表

调查日期（月/日）	地点	类型田	品种	生育期	寄生性天敌				捕食性天敌数			备注
					调查头数（头）	寄生数（头）	寄生率（%）	寄生类别	蜘蛛	黑肩绿盲蝽		

三、测报方法

结合测报灯下稻飞虱虫量动态、田间系统调查结果及历年稻飞虱发生情况，对当年当地稻飞虱的发生期、发生量和防治适期进行预报。

1. 历期法预测

根据灯下成虫消长情况，结合水稻生育期和田间虫、卵发育进度系统调查结果，用历期法分别对稻飞虱的产卵高峰期、孵化高峰期、三龄若虫盛期、成虫高峰期进行预测。

若虫盛孵高峰期＝成虫高峰期＋成虫产卵前期＋卵发育历期

三龄若虫盛期＝若虫盛孵高峰期＋一、二龄若虫发育历期

成虫高峰期＝三龄若虫盛期＋四、五龄若虫发育历期

下代产卵高峰期＝田间成虫高峰期＋成虫产卵前期

例 1 2009 年金山区灯下二代白背飞虱成虫于 6 月 28～29 日出现高峰。

其产卵高峰期＝6 月 28～29 日（灯下成虫高峰期）＋3 d（产卵前期）＝7 月 1～2 日左右；

其若虫盛孵高峰期＝6 月 28～29 日（灯下成虫高峰期）＋3 d（产卵前期）＋9～10 d（卵期）＝7 月 10～12 日左右；

其三龄若虫盛期＝7 月 10～12 日（若虫盛孵高峰期）＋8.6 d（一龄、二龄若虫发育历期＋0.5 个三龄发育历期）＝7 月 19～21 日左右；

其下一代成虫高峰期＝7 月 19～21 日左右（三龄若虫盛期）＋9.8 d（0.5 个三龄发育历期＋四龄、五龄若虫发育历期）＝7 月29～31 日左右。

按 6 月 28～29 日成虫高峰期推算，其若虫盛孵高峰期在 7 月 10～12 日左右，那么我们就可以对其一龄高峰期（防治适期）进行预测，即 7 月 13～15 日左右。

例 2 2014 年金山区灯下四代褐飞虱成虫于 9 月 7～16 日出现高峰。经卵巢解剖，确定其为当地虫源。

其产卵高峰期＝9月7～16日（灯下成虫高峰期）＋7 d（产卵前期）＝9月14～23日；

其若虫盛孵高峰期＝9月7～16日（灯下成虫高峰期）＋7 d（产卵前期）＋8 d（卵期）＝9月22日至10月1日；

其三龄若虫盛期＝9月22日至10月1日（若虫盛孵高峰期）＋7 d（一龄、二龄若虫发育历期＋0.5个三龄发育历期）＝9月30日至10月9日；

其下一代成虫高峰期＝9月29日至10月8日（三龄若虫盛期）＋5 d（四龄、五龄若虫发育历期）＝10月4～13日左右。

2. 有效基数预测

根据增殖倍数预测主害代种群数量。稻飞虱的发生量多少取决于虫量基数和种群数量的增殖，可用下式表示。

发生量（P_i）＝基数 P_0×增殖倍数（R）×（1－死亡率）

基数的确定：在主害前一代二、三龄若虫盛期的总虫量，是决定主害代发生量的虫量基数，以此作为预报因子，准确率较高。

增殖倍数 R：表示从初始虫口密度到主害代总的种群增殖倍数。初始虫口密度在非越冬区以 P_0 或 P_1 表示，r_i 为每个世代的种群平均增殖倍数，为（$i-1$）世代到 i 世代的增殖倍数。

若迁入代 P_1 到第四（2）代 P_2 的增殖倍数以 $r_2＝P_2/P_1$ 表示，则从迁入代到主害代（P_3）的总增殖倍数 $R＝r_2×r_3$。不同地区、不同年份、不同水稻品种以及不同世代的增殖倍数差异很大，这主要跟气候、食料以及田间短翅型成虫占的比例等因素相关。

例　2006年金山区对水稻观测圃褐飞虱虫量消长调查，褐飞虱田间始见期为7月5日，五（3）代观察圃田间每 667 m^2 虫量为1.2万头，即 $P_3＝1.2$ 万，六（4）代观察圃田间每 667 m^2 虫量为51.18万头，即 $P_4＝51.18$ 万，那么其增殖倍数 $r_4＝51.18/1.2＝42.6$，$R＝r_4$，自然观测死亡率为 20%，由此计算。

七（5）代褐飞虱田间发生虫量（P_5）＝六（4）代田间基数（P_4）（51.18）×增殖倍数 R（42.6）×（1－20%）＝1744.21万头

验证：实际调查，观察圃10月10日褐飞虱每 667 m^2 虫量为

2028 万头，10 月 15 日为 1737.6 万头，考虑到田间褐飞虱的自然死亡率与外迁等因素，基本与预测数据相符。

3. 模型预测

分析各代虫量与增殖倍数、基数、天气因素等的相关性，建立预测模型进行预测。

例 1 对 2000—2013 年金山区褐飞虱虫情、气象资料进行分析，发现四代若虫量（9 月中旬田间数据）与前一代增殖倍数、8 月下旬灯诱虫量、四代灯诱虫量、前四代灯诱虫量呈极显著正相关，与 8 月下旬降水量极显著负相关，与 7 月雨日、8 月日照、8 月中旬日照正相关，与 6 月最高温显著负相关。由此，利用以上相关性，建立如下预测模型。

（1）$Y = 7.71587 + 0.70374X$ （$r = 0.723$，$P < 0.01$，$F = 13.1456$）

式中，Y 为四代若虫量；X 为四代迁入虫量。

（2）$Y = 8.39646 + 0.00322X_1 + 0.50656X_2$ （$r = 0.8428$，$P < 0.01$，$F = 13.4909$）

式中，Y 为四代若虫量；X_1 为三代至四代增殖倍数；X_2 为四代迁入虫量。

（3）四代短翅虫量与孵化后若虫量呈极显著正相关，$r = 0.9162$，$P < 0.01$。

ln（若虫量+1）$= 4.29109 + 0.91296 \times$ ln（短雌量+1） （$R = 0.6695$，$P < 0.05$）

例 2 根据金山区 2000—2016 年褐飞虱田间和灯诱数据以及相关气象资料，与当年发生程度进行相关性分析，并进行发生程度模型预测（表 6）。

表 6　第五代褐飞虱发生程度相关因子的相关系数

相关系数	增殖倍数对数	9 月上旬灯诱虫量	9 月中旬灯诱虫量	第四代灯诱虫量	8 月最低温
发生程度	0.73**	0.56*	0.60**	0.52*	0.53*

注：增殖倍数为第四代田间总虫量与第三代田间若虫量比值（* $P < 0.05$，** $P < 0.01$）。

根据 9 月中旬褐飞虱灯诱虫量预测当年第五代褐飞虱发生程度的预测式如下。

$Y=2.92649+0.33229X$　（$P=0.0112$，$F=8.3564$）

式中，Y 为第五代褐飞虱发生程度；X 为 9 月中旬褐飞虱灯诱虫量。

根据 8 月 20 日至 9 月 20 日田间虫量增殖倍数预测第五代褐飞虱发生程度的预测式如下。

$Y=3.1193+0.3623\ln(X+1)$　（$P=0.0008$，$F=17.6228$）

式中，Y 为第五代褐飞虱发生程度；X 为增殖倍数。

例3　对金山区 2000—2016 年白背飞虱二代若虫量、三代若虫量及气象因子分析，发现三代若虫量与当地 8 月最高温度负相关，由此建立预测式。

（1）$Y=9.5991-0.2312X$

式中，Y 为三代白背飞虱每 667 m^2 虫量；X 为 8 月最高温。

（2）$Y=0.5568+0.271X$　（$r=0.5171$，$P<0.05$）

式中，Y 为三代最高卵量；X 为三代若虫量。

例4　龙游县病虫观测站统计分析，白背飞虱第一代若虫稳定期田间加权平均虫量（X，头/百丛）与第二代最高虫量（Y，头/百丛）呈极显著相关，由此建立预测模型。

$Y=234.6+7.82X$　（$r=0.9074$）

例5　浙江省农业科学院植物保护研究所统计分析连续 5 年资料，白背飞虱 6 月中旬末至下旬迁入主峰时灯下诱虫量和 6 月 20 日田间百丛长翅型虫量与第二代稳定期田间百丛最高虫量均呈显著相关，由此建立预测模型。

（1）$Y=622.5+0.46X$　（$r=0.9291$）

式中，Y 为白背飞虱 6 月 20 日田间百丛长翅型虫量；X 为 6 月中旬末至下旬迁入主峰时灯下诱虫量。

（2）$Y=349.3+208.8X$　（$r=0.9120$）

式中，Y 为白背飞虱第二代稳定期田间百丛最高虫量；X 为 6 月中旬末至下旬迁入主峰时灯下诱虫量。

例6 以金山区 2006—2016 年灰飞虱田间越冬虫量进行预测，越冬虫量与一代虫量呈极显著正相关。

$$Y=0.7933+4.4882X \quad (r=0.9992, P<0.01)$$

式中，Y 为田间灰飞虱一代虫量；X 为越冬代虫量。

四、技术资料

1. 世代划分标准

全国除海南外，世代划分以我国南部的第一个世代为基础。括号内用阿拉伯数字注出当地实际发生世代，各世代起点为成虫（表7）。

表7 稻飞虱世代划分标准（参考 GB/T 15794—2009）

代别	全国划分标准	上海代次
一	4 月 20 日以前的成虫	
二	4 月 21 日至 5 月 20 日的成虫	
三	5 月 21 日至 6 月 20 日的成虫	三（1）
四	6 月 21 日至 7 月 20 日的成虫	四（2）
五	7 月 21 日至 8 月 20 日的成虫	五（3）
六	8 月 21 日至 9 月 20 日的成虫	六（4）
七	9 月 21 日至 10 月 20 日的成虫	七（5）
八	10 月 21 日以后的成虫	

2. 发生程度分级指标

稻飞虱发生程度分级指标见表8；褐飞虱在上海发生程度分级指标（暂行）见表9，在上海的中后期发生程度分级预测见表10；白背飞虱在上海发生程度分级指标见表11。

表8 稻飞虱发生程度分级指标表（参考 GB/T 15794—2009）

发生程度级别	1 级	2 级	3 级	4 级	5 级
	轻发生	偏轻发生	中等发生	偏重发生	大发生
加权平均百丛虫量（头）	<250	251～700	701～1200	1201～1600	>1600

表 9　褐飞虱发生程度分级指标表（上海暂行）

发生级别		各阶段每 667 m² 虫口密度（万头）				该密度发生面积占总面积的百分比（%）
		迁入期田间长翅	四（2）代成虫羽化高峰期短翅成虫	四（2）代低龄若虫盛期田间虫口密度	主害代高峰期田间总虫量	
1级	轻发生	≤0.02	≤0.16	≤0.60	≤10	≥80
2级	偏轻发生	0.02～0.03	0.16～0.32	0.60～0.90	10～20	≥20
3级	中等发生	0.03～0.05	0.32～0.50	0.90～1.20	20～40	≥20
4级	偏重发生	0.05～0.10	0.50～1.10	1.20～2.00	40～60	≥20
5级	大发生	>0.10	>1.10	>2.00	>60	≥20

注：2～4 级指标均包含上界而不包含下界。下同。

表 10　褐飞虱中后期发生程度分级预测表（上海）

发生程度级别	1级	2级	3级	4级	5级
	轻发生	偏轻发生	中等发生	偏重发生	大发生
为害损失率（%）	<1	1.1～3	3.1～5	5.1～7	>7

表 11　白背飞虱发生程度分级指标表（上海）

发生级别		迁入期每 667 m² 成虫密度（万头）	主害代低龄若虫	
			低龄若虫密度	该密度发生面积占总面积百分比（%）
1级	轻发生	≤0.40	≤10	≥80
2级	偏轻发生	0.40～0.80	10～20	≥20
3级	中等发生	0.80～1.20	20～40	≥20
4级	偏重发生	1.20～2.00	40～60	≥20
5级	大发生	>2.00	>60	≥20

3. 峰期确定标准（参考 GB/T 15794—2009）

灯下成虫从出现突增日起到高峰后的突减日为止为一个峰期，峰期中央虫量最多的一日为高峰日。前一峰的突减日和后一峰的突增日之间相距 3 d 内则计入同一峰期。如迁入峰跨越 7 月 20 日，则看峰度的偏向，偏向前则划入四（2）代，偏向后则划入五（3）代。田间调查期间，虫量增幅最多的日期为高峰日，高峰日前虫量突增至高峰日后虫量稳定这一时期为高峰期。

4. 稻飞虱卵分级特征

稻飞虱卵分级特征见表12。

表12　稻飞虱卵发育进度分级特征（参考 GB/T 15794—2009）

简易分级	1级（初期）	2级（中期）	3级（后期）	4级（末期）
相应发育期	胚盘期、胚带期	黄斑期、反转期	眼点期	胸节期、腹节期
基本特征	卵色白，嫩半透明	卵乳白色，解剖镜下能见腹部黄斑	卵头部出现针尖状鲜红色眼点	眼点较大，深红色，约占卵宽的1/3

注：寄生蜂在卵内发育至中、后期才显色，卵粒呈橙红色、黄色或黄绿色。螯蜂寄生，后期可见稻飞虱身体有不规则外凸。

5. 发育历期

不同温度下褐飞虱发育历期及产卵量、褐飞虱卵的发育历期、若虫的分龄发育历期、成虫产卵高峰前期分别见表13、表14、表15、表16，白背飞虱各虫态发育历期见表17。

表13　不同温度下褐飞虱发育历期及产卵量（室内测定）

虫态	25 ℃	22 ℃	19 ℃	16 ℃	13 ℃
卵期（d）	5.2±0.49	8.0±0.9	8.8±0.25	7.1±1.26	—
一龄（d）	4.3±0.41	5.9±0.96	6.3±1.38	8.5±1.61	9.4±1.43
二龄（d）	1.6±0.32	4.7±1.39	4.3±1.22	4.6±1.66	5.5±1.44
三龄（d）	2.8±0.73	3.8±0.91	3.8±1.04	7.0±1.11	7.1±0.71
四龄（d）	3.2±0.63	5.3±1.27	4.0±1.00	7.3±1.31	7.2±1.09
五龄（d）	5.0±1.27	7.3±1.21	9.7±2.83	13.5±2.41	13.1±2.34
若虫平均历期（d）	16.7±2.19	27.0±2.61	28.0±4.67	40.9±3.86	42.2±3.33
产卵前期（d）	5.9±1.03	8.2±0.24	12.1±0.21	14.1±1.06	—
产卵前期高峰（d）	8.3±0.82	12.0±1.18	14.8±0.44	18.5±1.53	—
短翅型雌成虫（d）	19.0±5.5	31.4±6.0	25.5±4.0	29.8±3.7	27.5±3.3
长翅型雌成虫（d）	32.2±5.5	31.1±2.7	32.9±4.6	28.0±5.2	

（续）

虫态	25 ℃	22 ℃	19 ℃	16 ℃	13 ℃
雌虫平均寿命（d）	18.0±3.02	29.3±4.20	28.3±4.24	28.4±5.21	27.5±3.39
短翅型雄成虫（d）	8.3±2.0	20.1±3.2	24.1±4.9	21.0±6.7	12.3±2.9
长翅型雄成虫（d）	12.5±4.3	27.9±1.4	17.0±0.9	12.1±1.4	—
雄虫平均寿命（d）	11.0±2.82	19.9±4.07	17.2±3.62	13.2±2.17	12.3±2.91
成虫平均寿命（d）	14.5±2.90	24.6±3.17	22.8±3.10	20.8±2.94	19.9±2.14
平均世代历期（d）	31.2±3.53	51.6±3.25	50.8±6.10	61.7±4.92	62.0±4.07
单雌产卵量（头）	159.2±27.6	145.3±28.2	86.6±10.65	70.4±16.3	—

表 14　褐飞虱卵的分期发育历期（d）（江苏太仓）

卵期日平均温度范围（℃）	总平均温度（℃）	胚盘期	胚带期	黄斑期	反转眼点期	胸节期	腹节期	全卵期
27.7～29.0	28.3	1	1.21	1.22	1	1.13	1.7	7.26
26.6～27.5	27.2	1.2	1.43	1.3	1.1	1.22	1.81	8.06
23.4～26.1	24.8	1.31	1.5	1.38	1.1	1.31	1.9	8.6
22.3～22.1	21.7	1.5	1.5	1.43	1.2	1.4	2.11	9.14
20.3～21.1	20.5	2.09	1.61	1.52	1.3	1.56	2.3	10.38
19.8～20.2	20	2.22	1.77	1.73	1.37	1.97	2.45	11.51
18.8～19.3	19.1	2.31	1.83	1.81	1.52	2.18	2.6	12.25
16.6～17.8	17	3.25	2	3	2.25	2.75	3.5	16.75

资料来源：农作物主要病虫害预测预报与防治。

表 15　褐飞虱若虫的分龄发育历期（d）（江苏太仓）

日温度范围（℃）	日均温（℃）	一龄	二龄	三龄	四龄	五龄	全若虫期
29.7～30.6	30.3	3	2	2.1	1.9	2.9	11.9
28.2～28.7	28.3	2.8	2.3	2.3	2.4	3	12.8
27.6～28.0	27.8	2.9	2.8	2.3	2.5	3.2	13.7
25.7～26.6	26.2	3.3	3	2.4	2.7	3.4	14.8
22.5～23.4	22.7	3.8	3.2	2.7	3	4.1	16.8
21.0～22.1	21.4	3.8	4.1	3.5	4	5.8	21.2
17.3～21.5	18.9	4.7	4.3	5.2	6	8.2	28.4

资料来源：农作物主要病虫害预测预报与防治。

表 16 褐飞虱雌成虫的产卵高峰前期

平均温度（℃）	20.0	20.5	21.0	21.5	22.0	22.5	23.0	23.5	24.0	24.5	25.0
卵峰前峰（d）	12.5	12.1	11.8	11.4	11.0	10.6	10.2	9.9	9.5	9.1	8.7
平均温度（℃）	25.5	26.0	26.5	27.0	27.5	28.0	28.5	29	29.5	30.0	30.5
卵峰前峰（d）	8.3	7.9	7.6	7.2	6.8	6.4	6.0	5.7	5.3	4.9	4.5

资料来源：农作物主要病虫害预测预报与防治。

表 17 白背飞虱各虫态发育历期（d）

温度（℃）	卵期（d）	若虫期（d）						成虫期（d）			
		一龄	二龄	三龄	四龄	五龄	全期	雌虫	雄虫	平均	产卵前期
15	23.1	10.7	8.0	10.0	11.3	15.7	55.7	23.2	19.3	21.3	10.7
20	12.0	5.1	4.3	4.1	4.3	6.1	27.8	18.3	16.9	17.6	6.0
25	7.4	3.6	2.5	3.3	3.6	3.8	15.3	18.4	15.6	17.1	4.9
28	6.4	2.5	2.0	2.1	3.0	3.0	11.7	21.6	19.0	20.3	4.4
30	5.5	—	—	—	—	—	11.3	12.5	11.6	12.0	4.2

资料来源：农作物主要病虫害预测预报与防治。

参考文献

胡英华，王淑霞，苏加岱，2011. 灰飞虱发生规律及预测预报技术研究［J］. 中国植保导刊（11）：38－42.

江苏省植物保护站，2005. 农作物主要病虫害预测预报与防治［M］. 江苏：江苏科学技术出版社.

中华人民共和国农业部，2009. GB/T 15794—2009 稻飞虱测报调查规范［S］. 北京：中国标准出版社.

稻 纵 卷 叶 螟

　　稻纵卷叶螟在全国许多稻区普遍发生，在上海全年可发生4～5代，是水稻上的主要害虫之一，常造成危害。在自然条件下，其寄主除水稻外，很难发现取食完成整个世代的其他植物。以幼虫吐丝纵卷叶片危害，危害时幼虫躲在苞内取食上表皮和绿色叶肉组织，形成白色条斑，严重时造成成片白叶，受害重的稻田一片枯白，严重影响水稻产量。

一、预测依据

1. 迁入量

　　稻纵卷叶螟是迁飞性害虫，在上海不能越冬，初次虫源均由南方迁飞而来，南方虫源的多少与本地发生轻重有密切关系。发生代、上代残留量与下一代发生量关系密切，田间蛾量多少对预测当代发生危害趋势有现实意义。

2. 天气条件

　　稻纵卷叶螟喜适温高湿，产卵、孵化适宜温度为23～30℃，相对湿度75%～90%，相对湿度80%以上有利卵孵化和初孵幼虫成活；高温干旱不利成虫产卵，干瘪卵多，幼虫成活率也低。成虫盛发期遇气温22～28℃、高湿、多雨日、降水量大，是大发生的预兆。尤以8月下旬到9月初水稻生长中后期的危害性较大。

3. 水稻品种与长势

　　稻纵卷叶螟产卵有较明显的趋嫩绿习性。水稻孕穗期产卵多，易受害；乳熟期受害轻。软质、矮秆、阔叶品种，杂交水稻及氮肥施用量大的田块易受害重，反之则轻。抽穗后叶片老化，幼虫结苞难，成活率低，或在无效分蘖上结苞危害，虫龄大后转移至有效分蘖上危害。

二、调查内容和方法

1. 成虫调查

（1）田间赶蛾。 于常年成虫始见前一周（一般 6 月 1 日）开始调查，至水稻齐穗期结束。选取不同生育期和好、中、差 3 种长势的主栽品种类型田各 1 块（水稻苗前期选择农田四周的杂草地），每块田调查面积为 50 ～100 m²，手持长 1.5 m 的竹竿沿田埂逆风缓慢拨动稻丛中上部（水稻分蘖中期前同时调查周边杂草），目测计数飞起蛾数，每天天亮后、太阳未出前、露水未干前（约上午 6 时以前）进行一次，调查结果记入稻纵卷叶螟田间赶蛾调查记载表（表 1）。

表 1　稻纵卷叶螟田间赶蛾调查记载表

调查地点	调查日期（月/日）	世代	稻作类型	品种	生育期	赶蛾面积（m²）	蛾量（头）	每 667 m² 平均蛾量（头）	备注

（2）雌蛾卵巢解剖。 在主害代蛾量突增日开始，连续解剖 3 ～5 d。在赶蛾的各类型田块中用捕虫网采集雌蛾 20 ～30 头，带回室内当即解剖，镜检卵巢级别和交配率，结果记入稻纵卷叶螟剖蛾记载表（表 2）。

表 2　稻纵卷叶螟剖蛾记载表

调查地点	调查日期（月/日）	世代	各级卵巢雌蛾头数（头）和所占比例（%）										交配率（%）	备注
			剖蛾数	1 级		2 级		3 级		4 级		5 级			
				头	%	头	%	头	%	头	%	头	%		

2. 卵和幼虫调查

各代产卵高峰期（迁入代在蛾高峰当天，本地虫源在蛾高峰后2～3 d）开始调查，隔2 d查一次，至三龄幼虫期为止。选取不同生育期和好、中、差3种长势的主栽品种类型田各1～2块，定田观测。采用双行平行跳跃式取样，每块田查10点，每点2丛，调查有效卵、寄生卵、干瘪卵、卵壳和各龄幼虫数，结果记入稻纵卷叶螟田间卵量调查表（表3）和稻纵卷叶螟幼虫发育进度及残留虫量调查表（表4）。

表3 稻纵卷叶螟田间卵量调查表

调查地点	调查日期（月/日）	世代	类型田	品种	生育期	调查丛数	总卵粒数	其 中（粒）							百丛卵量（未孵＋孵化）（粒）	寄生率（%）	干瘪率（%）	孵化率（%）
								未孵卵				寄生卵	干瘪卵	孵化卵				
								1级	2级	3级	4级							

表4 稻纵卷叶螟幼虫发育进度及残留虫量调查表

调查地点	调查日期（月/日）	世代	类型田	品种	生育期	调查丛数	总虫数	活虫数（头）和所占比例												寄生幼虫数	寄生率（%）	卷叶率（%）	虫量（头）	
								幼 虫										蛹	蛹壳				百丛	667 m²
								一龄		二龄		三龄		四龄		五龄								
								头	%	头	%	头	%	头	%	头	%	头	%	头	%				

3. 发生程度普查

卵量调查在田间蛾量突增后2～3 d开始，调查1～2次；幼虫发生程度调查在各代二龄、三龄幼虫盛期开始。卵量普查方法同田间卵量调查，每2 d调查一次有效卵、寄生卵、干瘪卵数，结果记入稻纵卷叶螟田间卵量调查表（表3）和稻纵卷叶螟残留虫量调查表（表4）。

幼虫发生程度普查选取不同品种、生育期和长势类型田各不少于 20 块，面积不少于 1 hm²，每 5 d 调查一次。大田巡视目测稻株顶部 3 张叶片的卷叶率，根据稻纵卷叶螟幼虫发生级别，将结果记入稻纵卷叶螟幼虫发生程度普查记载表（表5）。

表5　稻纵卷叶螟幼虫发生程度普查记载表（参考 GB/T 15793—2011）

调查地点	调查日期（月/日）	世代	类型田	生育期	调查田块数	代表面积	各级别幼虫发生田块数（块）及所占百分比（%）										备注
							1级		2级		3级		4级		5级		
							田块数	%	田块数	%	田块数	%	田块数	%	田块数	%	

4. 残留虫量和受害率普查

在各代危害基本形成定局后进行调查。残留虫量调查选主要类型田各3块，双行平行跳跃式，每块田查 50～100 丛，调查残留虫量；取其中 20 丛查卷叶数，计算卷叶率；每类型田取 50 头幼虫，分虫态和龄期，结果记入稻纵卷叶螟幼虫发育进度及残留虫量调查表（表4）。

稻叶受害程度调查取样同幼虫发生普查，调查稻株顶部 3 张叶片的卷叶率，确定稻叶受害程度，记录各级别田块数及所占比例，结果记入稻纵卷叶螟叶片受害程度普查记载表（表6）。

表6　稻纵卷叶螟叶片受害程度普查记载表

调查地点	调查日期（月/日）	世代	类型田	生育期	调查田块数	代表面积	各级别叶片受害程度田块数（块）及所占百分比（%）										备注
							1级		2级		3级		4级		5级		
							田块数	%	田块数	%	田块数	%	田块数	%	田块数	%	

三、测报方法

1. 历期预测

由田间赶蛾查得发蛾高峰日，加上当时的产卵前期（外来虫源为主不加产卵前期，本地虫源为主需加产卵前期）、卵期预测一、二龄高峰期。

例　2016 年金山区大田赶蛾调查，三代尾峰高峰日为 8 月18 日。经高峰期成虫的连续解剖，确定以本地虫源为主。由此预测。

一龄高峰期＝发蛾高峰日（8 月 18 日）＋产卵前期（3.1 d）＋卵期（4.5 d）＋0.5×一龄历期（2.7 d）＝8 月 27 日左右；

三龄高峰期＝一龄高峰期（8 月 27 日）＋二龄历期（2.3 d）＋0.5×三龄历期（2.2 d）＝9 月 1 日左右。

2. 经验预测

根据虫源地的残留量及发育进度，结合本地雨季和高空大气流场的天气预报，分析迁入虫源的多少。如虫源地残留虫量多，在羽化盛期当地气候对迁入有利，则迁入量可能偏多。

在本地虫源为主时，可根据残留量、蛾量或卵量多少，结合雨期长短、雨日、卵孵期间的气温和雨水情况，以及水稻生育期和长势、防治措施与天敌情况等，进行综合分析，预测下一代发生趋势。

3. 模型预测

根据当地历史资料，以成虫、卵、幼虫间的相关性，或者与气象（雨季的长短、雨日、雾露、温度、湿度等）、水稻生育期和长势等的相关性进行分析，建立预测式。

例 1　根据上海金山区 2007—2016 年稻纵卷叶螟第二代田间蛾量与 7 月气温、降水和日照等气候因子，对 7 月下旬田间若虫最高虫量进行相关性分析，结果表明田间赶蛾量与若虫量呈显著正相关（$r=0.6687$，$P<0.05$），以此得出回归预测方程。

$$y = -2.7007 + 0.019x$$

式中，y 为 7 月下旬第三代若虫量；x 为 7 月中旬第二代蛾峰期蛾量（$F = 6.4719$，$P < 0.05$）。

例 2 对贵州省惠水县 1993—2006 年稻纵卷叶螟第三代及第四代发生期和发生程度进行分析，建立预测模型。

式 1：$y = 130.76 - 5.185x$

式中，y 为 4 月下旬至 5 月中旬平均温度；x 为第三代稻纵卷叶螟二、三龄幼虫盛发期（设 6 月 1 日为 1）。

式 2：$y = 10.128 + 0.837x$

式中，y 为第三代稻纵卷叶螟二、三龄幼虫盛发期（设 7 月 1 日为 1）；x 为第三代稻纵卷叶螟二、三龄幼虫盛发期（设 6 月 1 日为 1）。

式 3：$y = 0.02x - 0.169$

式中，y 为第三代幼虫发生程度；x 为 5 月下旬至 6 月上旬降水量。

式 4：$y = 0.000175 x_1 + 0.004393 x_2 + 1.494365$

式中，y 为第四代幼虫发生程度；x_1 为成虫主迁入期（6 月下旬至 7 月上旬）平均田间蛾量；x_2 为迁入期的降水量。

例 3 利用广东省化州市 1997—2010 年的稻纵卷叶螟系统调查资料和气象资料，对第六代稻纵卷叶螟发生程度与主要气象因子进行分析并建立回归预测模型。

$$y = -0.0089x_1 - 0.2252x_2 + 0.1130x_3 + 0.2062x_4 - 0.2708x_5 - 8.2230$$

式中，y 为第六代稻纵卷叶螟发生程度；x_1 为 7 月下旬至 8 月中旬降水量；x_2 为 7 月下旬至 8 月中旬雨日数；x_3 为 7 月下旬至 8 月中旬降雨系数；x_4 为 8 月上旬至中旬相对湿度；x_5 为 8 月中旬平均气温。

例 4 对广东省化州市晚稻稻纵卷叶螟主害代发生程度和发生期进行预测，预测式如下。

式 1：$y = 0.0155x_1 + 0.1010x_2 + 0.7833x_3 - 12.2013$

式中，y 为稻纵卷叶螟发生程度；x_1 为 7 月下旬至 8 月中旬降雨系数；x_2 为 8 月上旬至中旬平均相对湿度；x_3 为主峰期蛾量的自然对数。

式 2：$y=1.0821x-3.0814$

式中，y 为第六代低龄若虫盛发期（设 8 月 30 日为 1）；x 为第五代低龄幼虫盛发期（设 8 月 1 日为 1）。

四、技术资料

1. 世代划分标准

稻纵卷叶螟世代划分标准见表 7。

表 7　稻纵卷叶螟世代划分标准（参考 GB/T 15793—2011）

全国代别	划分标准	上海
一	4 月 15 日以前的成虫	
二	4 月 16 日至 5 月 20 日的成虫	
三	5 月 21 日至 6 月 20 日的成虫	三（1）
四	6 月 21 日至 7 月 20 日的成虫	四（2）
五	7 月 21 日至 8 月 20 日的成虫	五（3）
六	8 月 21 日至 9 月 20 日的成虫	六（4）
七	9 月 21 日至 10 月 31 日的成虫	七（5）
八	11 月 1 日至 12 月 10 日的成虫	

注：用中文数字标出全国统一划分的世代，在括号内用阿拉伯数字注出上海当地实际发生世代。

2. 发生程度分级

稻纵卷叶螟幼虫发生级别分类见表 8，发生程度分级标准（上海暂行）见表 9；稻叶受害程度级别分类见表 10。

表8 稻纵卷叶螟幼虫发生级别分类表（参考 GB/T 15793—2011）

级别	分 蘖 期		孕穗至抽穗期	
	卷叶率（%）	每 667 m² 虫量（万头）	卷叶率（%）	每 667 m² 虫量（万头）
1 级	<5.0	<1.0	<1.0	<0.6
2 级	5.0～10.0	1.0～4.0	1.0～5.0	0.6～2.0
3 级	10.1～15.0	4.1～6.0	5.1～10.0	2.1～4.0
4 级	15.1～20.0	6.1～8.0	10.1～15.0	4.1～6.0
5 级	>20.0	>8.0	>15.0	>6.0

表9 稻纵卷叶螟发生程度分级标准（上海暂行）

发生程度级别		每 667 m² 卵、虫量（粒、万头）			该类面积占适生田面积的百分比（%）
		二代	三代	四代	
1 级	轻发生	≤0.60	≤1.00	≤0.60	>70
2 级	偏轻发生	0.61～1.20	1.01～2.00	0.61～1.20	≥50
3 级	中等发生	1.21～2.00	2.01～4.00	1.21～2.00	≥50
4 级	偏重发生	2.01～4.00	4.01～6.00	2.01～4.00	≥50
5 级	大发生	>4.00	>6.00	>4.00	≥50

表10 稻叶受害程度级别分类表（参考 GB/T 15793—2011）

级别	分 蘖 期		孕穗至抽穗期	
	卷叶率（%）	产量损失率（%）	卷叶率（%）	产量损失率（%）
1 级	<20.0	<1.5	<5.0	<1.5
2 级	20.0～35.0	1.5～5.0	5.0～20.0	1.5～5.0
3 级	35.1～50.0	5.1～10.0	20.1～35.0	5.1～10.0
4 级	50.1～70.0	10.1～15.0	35.1～50.0	10.1～15.0
5 级	>70.0	>15.0	>50.0	>15.0

3. 雌蛾卵巢和卵分级特征

稻纵卷叶螟雌蛾卵巢分级特征见表 11，卵的分级特征及历期见表 12。

表 11　稻纵卷叶螟雌蛾卵巢分级特征（参考 GB/T 15793—2011）

级别	卵巢属性分类				
	发育时期	卵巢管长度（mm）	发育特征	脂肪细胞特点	交尾产卵情况
1级	羽化后半天（12～18 h）	5.5～8	初羽化时卵巢小管短而柔软，全透明，12 h 后中部隐约可见透明卵细胞	乳白色，饱满，呈圆形或长圆形	未交配，交配囊瘪，呈粗管状，未产卵
2级	羽化后 0.5～2.5 d（36～48 h）	8～10	卵巢小管中下部卵细胞成型，每个有一半乳白色卵黄沉积，一半透明	乳白色，饱满，呈圆形或长圆形	大部未交配，交配囊瘪，呈粗管状；少数交配一次，交配囊膨大呈囊状，可透见精包，未产卵
3级	羽化后 2～4 d（72 h左右）	11～13	卵巢小管长，基部有 5～10 粒淡黄色成熟卵，末端有蜡黄色卵巢管塞	黄色，不饱满，呈长圆形，部分丝状	交尾 1～2 次，交配囊膨大呈囊状，可透见 1～2 个饱满精包，未产卵
4级	羽化后 3～6 d	＞13	卵巢小管长，基部有 15 粒左右淡黄色成熟卵，约占管长 1/2，无卵巢管塞	很少，大部丝状，少数长圆形	交尾 1～4 次，交配囊膨大可透见 1～2 个饱满精包或精包残体，大量产卵
5级	羽化后 6～9 d	9左右	卵巢小管萎缩变短，管内仍有 6～10 粒成熟卵，部分畸形，卵粒变形或粘合后也可能形成卵巢管塞	极少，呈丝形	交尾 1～4 次，个别 6 次，交配囊中可见 1～4 个精包残体或 1 个饱满精包，产卵很少

表 12   稻纵卷叶螟卵分级特征及各级卵历期

卵级	1级	2级	3级	4级
特征	乳白色	白色	出现眼点	淡黄色或褐红色
历期（d）	1～1.5	1～1.5	1～1.5	1～1.5

参考文献

陈仕高，2007. 不同天气条件下稻纵卷叶螟田间赶蛾时间探讨［J］. 中国植保导刊，27（8）：37.

董鹏，黎天，陈观浩，2011. 第6代稻纵卷叶螟主要气象影响因子的通径分析及预测模型［J］. 江西农业学报，23（12）：76-78.

金曙光，杨茂发，金道超，等，2012. 稻纵卷叶螟发生期及发生程度预测模型的建立与应用［J］. 贵州农业科学，40（3）：115-118.

彭雄，董城，陈鹏希，等，2011. 晚稻稻纵卷叶螟主害代发生程度及发生期预测模型研究［J］. 中国植保导刊，31（4）：35-37.

中华人民共和国农业部，2011.GB/T 15793—2011. 稻纵卷叶螟测报技术规范［S］. 北京：中国标准出版社.

稻叶蝉和水稻矮缩病

稻叶蝉泛指危害水稻的同翅目叶蝉科害虫。我国危害水稻的叶蝉已记录有 76 种，其中，长江中下游地区对水稻危害较大的是黑尾叶蝉、白翅叶蝉，其次是电光叶蝉。近年来，上海地区稻叶蝉以黑尾叶蝉、电光叶蝉、大青叶蝉及白翅叶蝉为主。

由叶蝉传毒的水稻矮缩病，主要有普通矮缩病（又称矮缩病、普矮病）、黄矮病（又称暂黄病、黄叶病）和黄萎病三种，以普通矮缩病和黄矮病为主。

一、预测依据

（一）稻叶蝉

1. 虫源及发生规律

黑尾叶蝉在长江中下游一年发生 5～6 代，以三、四龄若虫和少量成虫在绿肥田和免耕的春花田内越冬，第二年春季羽化为成虫，陆续迁飞到早稻秧田或早插本田，是一年中的第一次迁飞期。早稻本田期间，可以繁殖 2～3 代，第一代数量较少，6 月中下旬第二代虫口激增，7 月下旬至 8 月上旬为第三代盛发期，田间虫口密度达到一年中的高峰。晚稻本田期间可繁殖 2～3 代，初迁期以成虫迁入为主。在晚稻插秧后，先迁到边行稻苗上，成、若虫群集危害，往往造成田边稻苗枯死。

电光叶蝉的寄主与黑尾叶蝉相同，其在上海、浙江等地区每年发生 5 代，以卵在寄主叶背中脉组织里越冬，长江中下游稻区一般

9～11月危害最重。

2. 天气条件

黑尾叶蝉发生的最适温度在 28 ℃左右，最适宜相对湿度为 75％～90％。夏秋晴热、干旱少雨的年份，有利于发生。但温度超过 30 ℃的持续高温条件，又会影响黑尾叶蝉的繁殖和存活率。电光叶蝉大发生条件与黑尾叶蝉相似，一般发生时间较黑尾叶蝉偏晚。

3. 栽培管理

由于耕作制度、栽培技术及水稻品种等不同，提供给稻叶蝉的食料条件存在差别，对上海地区水稻上三种常见叶蝉的发生数量有很大影响。双季连作稻和单、双混栽地区给稻叶蝉提供了丰富的食料，有利于叶蝉繁殖，发生数量上升。不同成熟期的品种插花种植有利于叶蝉的迁移。移栽期的提早，使成虫直接迁入本田的比例增加，也有利于叶蝉繁殖。

不合理施用农药，如药剂种类不对口、用药次数过多，大量天敌被杀死或治虫效果差，反而有利于水稻叶蝉发生。

（二）水稻矮缩病

1. 黑尾叶蝉带毒率

黑尾叶蝉带毒率的高低与矮缩病发病程度有很大关系。在黑尾叶蝉发生数量接近的情况下，带毒率高，发病可能较重；带毒率低，发病就较轻。第一代、第二代的黑尾叶蝉普矮病带毒率与连晚普矮病病株率呈正相关，早稻普矮病病株率高低与连晚普矮病病株率呈正相关，一般晚稻普矮病病株率是早稻的3～10倍，平均5.7倍。

2. 传毒虫数量

传毒关键时期，黑尾叶蝉发生量大、虫口密度高，传病的机会就多，发病重的风险就增加。水稻普通矮缩病毒能经卵传毒，所以第一代若虫也能够传毒引起发病。

早稻感病主要是越冬代成虫从越冬场所迁飞到早稻秧田和本田初期传毒引起，晚稻感病主要是第二、三代成虫从早稻田迁飞到连作晚稻秧田和本田初期传毒引起的。

3. 水稻品种间的感病性

水稻品种之间对矮缩病的抗病性有差别，水稻生育期与感病性关系也很大。秧苗期到分蘖期最易感病，拔节期以后不易感病。若易感生育期与黑尾叶蝉成虫迁飞盛期吻合，发病较重；避过迁飞盛期，发病就轻。稻苗生长嫩绿，容易引诱黑尾叶蝉，发病也就较重。

二、调查内容和方法

1. 叶蝉虫口密度调查

（1）田间密度调查。越冬代成虫调查，从 3 月份开始，当气温连续 4～5 d 在 13 ℃以上或旬平均气温在 11 ℃以上时开始调查，选取前茬为水稻矮缩病发生轻重不同的绿肥田 3 块，用白瓷盘或者方框取样，每 3 d 查一次，到羽化盛期末时为止。每块随机取样调查 10 点，每点 33 cm×33 cm，记载虫口密度（表 1）。

表 1　叶蝉越冬虫口密度调查记载表

| 调查日期（月/日） | 调查地点 | 类型田 | 调查面积（m²） | 查到虫数 | | | 每 667 m² 虫数（头） | 备注 |
				成虫（头）	若虫（头）	合计（头）		

早、晚稻秧田，按播种期早迟选有代表性的田各 2 块，在成虫迁飞盛期调查 2～3 次，每次每块调查 5～10 点，每点 33 cm×33 cm，计算虫口密度（表 2）。将白瓷盘或白脸盆内涂洗洁精，斜放在稻丛基部，用手迅速拍击稻丛，或直接将虫击落水面，计数成虫、若虫数。

表 2　叶蝉秧田虫口密度调查记载表

| 调查日期（月/日） | 调查地点 | 品种 | 播种期（月/日） | 秧苗生长情况 | 调查面积（m²） | 查到虫数 | | | 每 667 m² 虫数（头） |
						成虫（头）	若虫（头）	合计（头）	

移栽后，按早、中、晚不同栽插期，各选有代表性的田1～2块，结合调查其他害虫，记载水稻叶蝉成、若虫数量。调查间隔天数按照当地实际情况决定，在早稻第二、三代发生期和晚稻本田前期应每3～5 d查一次，每块查25～50丛，计算虫口密度（表3）。

表3　叶蝉本田虫口密度调查记载表

| 调查日期（月/日） | 调查地点 | 品种 | 移栽期（月/日） | 生育期 | 调查面积（m^2）或丛数 | 查到虫数 | | | 每667 m^2虫数（头） |
						成虫（头）	若虫（头）	合计（头）	

在越冬后，秧田以及本田虫口密度进入盛期或迁飞盛期时，结合调查其他害虫，叶蝉调查在面上巡回调查，每代盛期各调查1～2次，全面掌握叶蝉发生情况。调查方法同上。

（2）灯下虫量调查。设置诱虫灯的测报站点，逐日记载灯下诱到的水稻叶蝉数量。

2. 叶蝉带毒率测定

在第一代和第二代成虫盛发初期进行，每次测定虫数应在100头以上。一般采用生物学测定方法，先在防虫的条件下（可用防虫纱笼），播种当地主要水稻品种，在2～3叶期拔取秧苗，每株秧苗用两头通的铜纱管或玻璃管套住，然后在每管内放入1头成虫或五龄若虫，上端扎以纱布，单虫、单苗饲养4 d（2 d后应做一次检查，如果虫子活不到2 d的，应连同秧苗一起剔除不计），然后去掉成虫，取出秧苗单株移栽在防虫棚内继续观察，如产有卵块、出现低龄若虫的要及时喷药灭虫。在发病稳定后，记载各种矮缩病的株发病率，即为该代叶蝉的带毒率。有条件的测报站或测报点，可用抗血清检测叶蝉成虫的带毒率，以缩短测定时间。

3. 矮缩病发生情况调查

晚稻移栽前2～3 d，调查不同品种、不同播种期的秧田各1～2块，每块随机取样查5点，每点33 cm×33 cm，记载矮缩病的种类、病苗数和总苗数，计算秧田株发病率（表4）。

表 4　矮缩病秧田发生情况调查记载表

调查日期（月/日）	调查地点	品种	播种期（月/日）	调查面积（m²）	苗数（株/m²）	总苗数（株）	矮缩病种类			
							黄矮病		普矮病	
							病苗数（株）	病苗率（%）	病苗数（株）	病苗率（%）

　　早、晚稻矮缩病病情基本稳定后（黄矮病、普矮病可在水稻孕穗期，黄萎病在水稻乳熟期），选择品种和成熟期不同类型的田各1～2块，用平行跳跃式取样，每块查100～200丛，记载矮缩病种类及病株数，并数10丛总株数，求出每丛株数和总株数，计算株发病率（表5）。

表 5　矮缩病本田发生情况调查记载表

调查日期（月/日）	调查地点	品种	播种期（月/日）	移栽期（月/日）	调查丛数	平均每丛株数（株）	总株数（株）	矮缩病种类					
								黄矮病		普矮病		黄萎病	
								病苗数（株）	病苗率（%）	病苗数（株）	病苗率（%）	病苗数（株）	病苗率（%）

　　早、晚稻矮缩病病情基本稳定后，结合其他病虫的调查，对面上的田块进行巡回调查，调查各种矮缩病的株发病率，调查方法同上。

三、测报方法

1. 经验预测

（1）叶蝉成虫迁移期预测。 根据越冬代羽化进度调查，一般在羽化率达80%后一周左右，成虫迁飞达到高峰期。绿肥田耕翻能促使成虫迁飞，迁飞数量还受气温影响，日平均气温17℃以上才大量迁飞。第二、三代成虫羽化迁飞期，从7月上旬至8月上旬，成虫陆续迁飞到连作晚稻秧田和早稻本田，一般早稻旺收期即为成虫迁飞盛期。

根据当地历年各代的期距、五龄若虫至成虫期距的资料及成、若虫比例和虫龄等进行综合分析，作出大体预测。

(2) 叶蝉发生量趋势分析。 根据越冬后虫口密度调查，推测早稻秧田虫口密度。越冬虫口密度高、羽化盛期气温偏高、绿肥耕翻迟，则早稻秧田的成虫密度也高。与不同年份之间进行比较，做出趋势预测。

根据当地历年6月下旬到7月中下旬田间虫口密度增长倍数，结合气象预报、药剂防治等情况，预测7月中下旬早稻后期虫口密度。

根据早稻后期虫口密度，推测连作晚稻本田初期虫口密度。

例 根据某地历年资料统计分析，8月上旬连作晚稻本田初期成虫密度约为7月下旬早稻虫口密度的4.1%～11.2%，平均6.6%。

(3) 防治田块和时间确定。 ①查虫口密度，定防治对象田。矮缩病流行地区，早、晚稻秧田平均每平方米有成虫18头以上，本田初期平均每丛有成虫1头以上，早稻抽穗期平均每丛有成、若虫10头以上即需防治。非矮缩病流行地区，早稻抽穗期平均每丛有成、若虫15头以上要用药防治。晚稻秧田和本田初期，要注意防治迁入边行稻苗上的成、若虫。

②查黑尾叶蝉迁飞期（或若虫发育进度），定防治适期。黑尾叶蝉传播水稻矮缩病，主要是越冬代和第二、三代成虫迁飞期。绿肥翻耕灌水盛期，气温在17℃以上，越冬代成虫大量迁飞是早稻秧田防治适期。早稻收割盛期为二、三代成虫迁飞盛期，是连作晚稻秧田及早插连作晚稻本田治虫防病的关键时期。早稻抽穗期防治时，应掌握大多数若虫在二、三龄阶段施药。

2. 模型预测

利用第二代黑尾叶蝉高峰期虫量、带毒率和带毒虫传病苗数

（近似值为 10），预测晚稻株发病率。

例 1　以第二代虫量、带毒率等建立预测模型，预测晚稻株发病率。

$$Y = n \times d \times p \times t / X$$

式中，Y 为晚稻株发病率（%）；n 为第二代黑尾叶蝉高峰期每 667 m² 虫量（万头）；d 为第二代黑尾叶蝉的带毒率（%）；p 为晚稻本田初期迁入虫量与第二代黑尾叶蝉高峰期虫量之比值（数值范围为 $p = 0 \sim 1.0$）；t 为每头带毒虫能传病苗数（在计算时取其实验近似值为 10）；X 为晚稻本田初期每 667 m² 苗数（万株）。

例 2　以早稻普矮病株发病率、7 月上半月平均虫量、第一代黑尾叶蝉带毒率与晚稻株发病率的相关性，建立回归预测式，预测晚稻普矮病发病趋势。

（1）$Y = 0.135X_1 + 0.193X_2 - 0.253$

式中，Y 为连作晚稻普通矮缩病株发病率（%）；X_1 为早稻普通矮缩病株发病率（%）；X_2 为 7 月上半月每丛早稻黑尾叶蝉虫量（头）× 第一代黑尾叶蝉带毒率（%）。

（2）$Y = 0.06 + 0.462X$

式中，Y 为晚稻普矮病株发病率；X 为 7 月上半月每丛早稻平均黑尾叶蝉虫量与早稻普矮病株发病率的乘积。

例 3　应用晚稻普矮病和黄矮病预测模式计算防治指标，当预测到当年晚稻株发病率可达 3% 以上时，晚稻本田初期防治指标可用下列公式算出。

$$i = x \times y / (t \times d)$$

式中，i 为晚稻本田初期每 667 m² 允许黑尾叶蝉虫数（万头）；x 为晚稻本田初期每 667 m² 苗数（万株）；y 为要求预防的普矮病和黄矮病株发病率（暂定为大于 3%）；t 为迁入晚稻本田初期的每头带毒虫传病苗数（10 株）；d 为第二代黑尾叶蝉带毒率（%）。

如 x 为 30，y 为 3，t 为 10，d 为 6.16，则：$i = 30 \times 3 / (10 \times 6.16) = 1.46$，

即晚稻本田初期的防治指标为每 667 m² > 1.46 万头。

四、技术资料

1. 黑尾叶蝉若虫分龄特征

黑尾叶蝉若虫分龄特征见表 6。

表 6　黑尾叶蝉各龄若虫特征比较

龄期	体长 （mm）	复眼颜色	体色和斑纹	翅芽发育情况
一龄	1～1.2	赤褐色	黄白色，体两侧色较深，体背无斑纹	无
二龄	1.8～2	赤褐色	黄白色微带绿，体两侧褐色；体背无明显斑点	无
三龄	2～2.5	赤褐色	淡黄绿色，体两侧深褐色；头部背面有倒"八"字形褐色斑；各胸节及腹部第二至第八节背面中央有一对褐点	中胸后缘两侧开始向后延伸，前翅芽略现
四龄	2.5～2.8	棕黑色	黄绿色，头部前缘及体两侧褐色，较三龄为淡，第二至第八腹节背面中央的褐点增大，第三节后各有一横列褐点	前翅芽伸达第一腹节，后翅芽达第二腹节
五龄	3.5～4	棕色	头部、翅芽和小盾板黄绿色，体两侧斑纹消失，腹部点列同四龄。雌虫腹背淡褐色，雄虫腹背带黑色，小盾板和前后翅芽上各有两个爪子形褐点，腹部第二至第八节的背面有四列刚毛	前翅芽伸达腹节，后翅芽较前翅芽略短

2. 黑尾叶蝉虫态历期

黑尾叶蝉成虫的产卵前期、卵历期、若虫历期及成虫寿命分别见表 7～10。

表7　黑尾叶蝉成虫的产卵前期（东阳县病虫观测站，1971—1972）

代次	生活日期（月/日）	虫数	产卵前期（d）			经历气温（℃）		
			最短	最长	平均	最高	最低	平均
越冬	4/11至5/2	5	15	20	17.4	18.7	17.5	17.3
一	5/29至6/12	20	8	14	10.4	24.9	22.1	23.0
二	7/1至7/13	11	4	11	7.3	31.2	30.5	30.8
四	9/12至10/8	15	7	23	11.8	22.9	21.0	21.6

注：原始资料中无第三代数据。

表8　黑尾叶蝉卵历期（东阳县病虫观测站，1971—1972）

代次	生活日期（月/日）	考查数		历期（d）			卵期所经历的气温（℃）		
		块数	粒数	最短	最长	平均	最高	最低	平均
一	4/14至5/13	77	1014	11.5	17.5	13.6	21.0	18.4	20.5
二	6/2至6/27	142	2042	5.5	10.5	7.0	30.2	24.7	28.1
三	7/3至7/19	128	1636	4.5	7.5	5.8	31.6	29.6	30.7
四	7/20至8/14	110	1100	5.5	7.5	6.2	31.6	29.2	29.8
五	9/18至10/7	24	279	9.0	13.0	11.0	23.3	20.7	21.4

表9　黑尾叶蝉各代若虫历期（宁波地区农科所，室内）

代次	年份	性别	供试虫数	若虫龄期（d）					若虫全期（d）			饲养期间平均温度（℃）
				一龄	二龄	三龄	四龄	五龄	最长	最短	平均	
一	1957		21	4.9	4.2	3.5	2.83	4.0	25	17	20.3	26.7
	1972	雌	53	—	—	—	—	—	35	21	26.8	20.5
		雄	55	—	—	—	—	—	32	20	25.6	20.5
二	1957		40	3	3.1	2.9	2.7	4.8	21	13	16.5	27.6
	1972	雌	23	—	—	—	—	—	21	15	18.4	26.7
		雄	30	—	—	—	—	—	22	15	16.9	26.7

（续）

代次	年份	性别	供试虫数	若虫龄期（d）					若虫全期（d）			饲养期间平均温度（℃）
				一龄	二龄	三龄	四龄	五龄	最长	最短	平均	
三	1957		54	3.2	3.1	3.07	3.4	4.9	21	15	17.6	26.4
四（非越冬）	1957		11	4.5	4.8	5.2	5.0	7.7	39	20	28.0	21.5
四（越冬）	1957		5	6.3	4.0	7.8	21.4	15.6	211	182	195.3	11.9
五	1957		11	12.8	8.2	15.2	146	20.6	218	187	202.8	10.8

表 10 黑尾叶蝉成虫寿命（宁波地区农科所，室内）

代次	供试虫数	成虫（d）		雌虫（d）		雄虫（d）		生存期平均温度（℃）
		平均	幅度	平均	幅度	平均	幅度	
越冬	10	24.1	14~34	25.8	20~34	20.4	14~28	14.9
一	35	22.1	6~36	23.52	11~36	20.6	6~30	22.05
二	23	22.9	7~23	25.9	19~33	18.3	7~28	27.34
三	31	29.3	16~55	32.5	16~55	25.3	16~48	23.85
四（非越冬）	8	11.3	8~14	11.5	8~14	11.0	6~14	18.28
五（越冬）	3	143	108~177	143	108~177			

3. 晚稻普矮病、黄矮病发病率与产量的关系

晚稻后期普矮病和黄矮病发病率与产量损失的关系，据浙江省农业科学院病毒实验室等单位测定结果，株发病率1%的晚稻产量损失率：杂交水稻为 0.62%±0.053%，常规稻为 0.78%±0.14%。

参考文献

洪晓月，2016.农业昆虫学 ［M］.北京：中国农业出版社.

全国农业技术服务推广中心，2006.农作物有害生物测报技术手册［M］.北京：中国农业出版社.

全国农业技术推广服务中心，2014.水稻主要病虫害测报与防治技术手册［M］.北京：中国农业出版社.

张左生，1995.粮油作物病虫鼠害预测预报［M］.上海：上海科学技术出版社.

稻 象 甲

稻象甲又称水稻象鼻虫，主要危害水稻，有时也危害棉花等作物，是水稻生长前期的主要害虫之一。稻象甲在单季稻区一年发生1代，双季稻和单、双混栽区一年发生2代，成虫危害稻苗，造成心叶折断，植株矮化枯死；幼虫在土下危害新根，轻者植株黄化、重者枯秆倒伏，严重减产。稻象甲的危害状与缺肥或赤枯病非常相似，常被误诊。

一、预测依据

1. 虫源及发生规律

在双季稻区和单、双混栽区，主要以成虫在田间及田间草地上越冬。少数在小麦、油菜田越冬的幼虫春季可羽化为成虫。在绿肥、空闲田越冬的幼虫在春耕灌水时未能完成化蛹羽化而被淘汰。春耕耕耙和食料短缺，可导致大量越冬成虫死亡。在耕翻后立即插秧的年份和地区成虫存活率较高，发生量较大。单季稻区主要以幼虫越冬，至5月间小麦、油菜收割期开始化蛹、羽化，成虫陆续迁入秧田和本田危害。

2. 栽培管理

春花作物面积大，免耕冬种地区有利越冬而增加越冬虫源；早稻移栽期提早，会提高越冬成虫成活率；早稻迟熟品种面积大，早、晚稻收割前早稻田排水早，有利成虫羽化，增加有效虫源。

部分防治螟虫、稻飞虱的药剂对稻象甲有兼治作用，在其他害虫发生重、用药次数多或者选择的药剂恰好对稻象甲防治作用好的时候发生危害比较轻。

3. 土壤和天气

稻象甲幼虫在稻田继续灌水的条件下，不能化蛹完成世代，早稻田排水后，土壤含水量下降到 30% 以下时开始化蛹，当稻田排水时，遇多雨年份，会推迟化蛹羽化进度，降低转化率，影响下代发生量。

二、调查内容和方法

1. 成虫密度调查

（1）糖醋草把诱集。 利用稻象甲成虫趋糖醋草把的特性，于春耕前在不同春花作物类型田的田埂上或田间进行草把诱集。选择夜间气温升至 15 ℃时的晴天，用 10~15 根稻草对折缚成草把，蘸上 1∶1∶6 的糖、醋、水溶液，每块田的田埂或田间投放 5~10 个草把，每个草把间距 3~5 m，连续或隔日诱 2~3 次，傍晚放把，清晨收把，将虫拍在瓷盘中计数，并对上述诱集的田埂或田间进行一次实际成虫密度调查。

（2）灯光诱集。 成虫越冬地区从 3 月底开灯诱集，幼虫越冬地区于 5 月上旬开灯诱集，观察灯下成虫高峰期（日），并调查水稻移栽后 5~7 d 时的本田成虫密度或直播稻 2 叶期时田间成虫密度。

（3）田间密度调查。 越冬期选定不同冬作物类型田块各 2~3 块，在冬前、春季耕翻前、翻耕耙平后和水稻移栽后进行 4 次调查。每块田随机选取 10 点，每点调查 0.1 m² 或一个稻桩范围内的土表成虫和土下幼虫数、蛹数，移栽稻在水稻移栽后每点调查 10 丛稻成虫数，直播稻每点调查 0.1 m²。通过调查掌握冬前越冬虫态比例及冬前、春季和移栽后虫口变化动态。

发生期调查，选播栽期和品种不同的早、晚稻田 3~4 块，在移栽后或直播稻 2 叶期后每 5 d 调查一次，每田随机选 10 点，每点调查 10 丛稻或 0.1 m²，直至田间成虫消失停止调查。

2. 幼虫和卵调查

在早稻移栽后 15～20 d、晚稻移栽后 10～15 d 和直播稻分蘖期调查成虫的同时，每点拔取半丛稻剥查卵量、卵孵情况。

在幼虫稳定期（高龄幼虫期）用土壤取样器，每块田均匀取 10 丛稻或 0.1 m² 水稻，每丛稻一个样土或直接挖取 10 丛或 0.1 m² 水稻，用尼龙网纱包起来移到水中洗去泥土查虫。

(1) 化蛹羽化进度调查。 一代区，在春季于 5 月间气温上升到 15 ℃以上时，选择虫口密度较高的田块，隔 3～5 d 调查一次化蛹羽化进度，每次查到活虫数在 50 头以上。

(2) 第一代成虫转化率调查。 二代区在早稻收割前，当稻田排水后 2～3 d 开始调查，隔 2 d 调查 1 次，至早稻收割翻耕灌水时停止调查。

三、测报方法

1. 历期或期距法预测

一代区越冬代和二代区第一代成虫发生期，通过化蛹羽化进度调查加蛹历期预测成虫发生期，分别以化蛹率在 16%～20%、46%～50% 和 80% 以上为化蛹始盛、高峰和盛末期，再加蛹历期为成虫始盛、高峰和盛末期。也可用上一代的高峰加上全代期距，预测下一代的高峰。

例 某双季稻区，早稻田越冬代全代期距为 72～92 d，因此可以通过调查越冬代某一个虫态的高峰期预测一代高峰期，如通过越冬代成虫盛期预测一代成虫盛期。预测公式如下。

一代成虫盛期＝越冬代成虫盛期＋期距

2. 有效基数推算

根据春季春耕前成虫密度和一代成虫转化率调查，按下面公式推算早、晚稻田成虫密度。

每 667 m² 早稻田成虫（头）＝春耕前各冬作物类型田 667 m² 成虫量×各类型田总面积/早稻田面积×春耕前至移栽后成虫减少

率（有效系数）

每 667 m² 晚稻田成虫（头）＝幼虫稳定期每 667 m² 虫量×早稻成虫转化率×成虫羽化至晚稻本田初期成虫存活率（有效系数）

有效系数因年份和地区间差异较大，据近年各地调查春耕前至移栽后，虫口存活率一般在 25%～30%，早稻田第一代成虫羽化至晚稻本田成虫存活率在 40%～50%。

3. 经验预测

（1）成虫峰期预测。根据早稻田成熟前排水后天数与化蛹羽化进度的相关性预测田间成虫发生期。如浙江省丽水市等地区早稻田普遍排水后 5 d 为化蛹高峰期，至 12～13 d 为羽化高峰期。浙江省玉环县越冬代成虫灯下高峰期（日）后的 10～15 d 为早稻田间成虫高峰，安吉县为 15～20 d。

（2）防治田块确定。防治前，对播种后 10～15 d 的秧田和移栽后 5～7 d 的大田进行一次成虫密度调查，当秧田在 0.1 m² 中有 0.5 头成虫，就应进行防治。本田每丛稻有 0.25 头成虫或 3～4 头老熟幼虫，产量损失率在 3% 左右，应列为防治对象田。

4. 模型预测

根据年份间或田块间春季翻耕前草把成虫诱虫量或幼虫量与移栽田间调查的实际虫量、灯下成虫诱集量与田间实际成虫发生量等的相关性建立预测式进行预测。

例 1　根据某地多年资料分析，早稻成熟前稻田排水后天数（X）与化蛹率或羽化率（Y）相关性显著，依此建立如下预测模型。

$$Y=30.17+4.70X \quad r=0.823^{**} \quad (Y 为化蛹率)$$
$$Y=-14.287+4.8X \quad r=0.900^{**} \quad (Y 为羽化率)$$

例 2　根据春季翻耕前冬作物类型田草把诱集成虫量（X）与早稻移栽后 5～7 d 田间发生的实际虫量（Y）相关性建立预测模型。

$$Y=0.048X \quad r=0.988^{**} \quad (永康，1990)$$
$$Y=0.0468X \quad r=0.941^{**} \quad (永康，1991)$$
$$Y=0.0316X \quad r=0.819^{**} \quad (松阳，1991)$$

$$Y=0.0367X \quad r=0.861^{**} \quad (宁海，1991)$$

例 3 根据灯下全代诱虫量（X_1）或灯下高峰日诱虫量（X_2）与早、晚稻田每 667 m² 成虫量（Y）的相关性建立预测模型（玉环县）。

$$Y=1375.6+1.152X_1$$

$$Y=1389.2+4.105X_2$$

四、技术资料

1. 各虫态期距和历期

稻象甲各虫态期距和历期分别见表 1 和表 2。

表 1 稻象甲各虫态期距（永康，1990—1991）

项 目	第一代（d）	第二代（d）
插秧至成虫高峰	8~10	3~5
成虫高峰至产卵高峰	7~10	5~7
产卵高峰至卵孵高峰	9~10	6~7
卵孵高峰至幼虫高峰	30~35	30~35
幼虫高峰至化蛹高峰	20~30	30~40
化蛹高峰至羽化高峰	6~7	7~10
全 世 代	72~92	80~104

表 2 稻象甲各虫态历期（永康，1990）

虫态	第一代				第二代			
	历期（d）			平均温度（℃）	历期（d）			平均温度（℃）
	最长	最短	平均		最长	最短	平均	
卵	16.75	10.75	14	21.52	7.75	4.75	6.0	27.95
幼虫	58	48	53	24.80	65	50	60	18.08
蛹	6	4.5	5	29.36	19	5.5	11	18.08
成虫	48	11	29.1	29.9	250	150	200	18.08

2. 幼虫分龄特征

稻象甲幼虫分龄见表 3。

表 3　稻象甲幼虫分龄表

项　目	龄　期				
	一龄	二龄	三龄	四龄	五龄
幼虫头壳（mm）	0.2	0.36	0.4	0.45	0.65～0.7
体　长（mm）	1.2～1.7	2.2～3.7	3.8～4.4	5.0～5.4	6.0～7.0

参考文献

洪晓月，2016. 农业昆虫学 [M]. 北京：中国农业出版社.

全国农业技术推广服务中心，2014. 水稻主要病虫害测报与防治技术手册 [M]. 北京：中国农业出版社.

张跃进，2006. 农作物有害生物测报技术手册 [M]. 北京：中国农业出版社.

张左生，1995. 粮油作物病虫鼠害预测预报 [M]. 上海：上海科学技术出版社.

稻 蓟 马

　　水稻上的蓟马主要有稻蓟马、稻管蓟马和花蓟马，均属缨翅目蓟马科，是上海及周边区域水稻秧苗期和分蘖期的重要害虫，亦危害穗花。自20世纪60年代初期广泛进行"单改双"后，双季稻面积逐年扩大，使水稻蓟马危害逐渐加重。20世纪80年代中期后，随着双熟制面积逐渐压缩，或冬小麦、绿肥面积减少，化学除草剂大面积推广应用，水稻蓟马发生面积和数量缩小，危害下降。此后的30多年中，水稻蓟马间歇发生。三种蓟马危害特点和发生规律相近，以下以稻蓟马为例介绍。

一、预测依据

1. 虫源与发生规律

　　上海地区稻蓟马每年发生10~14代，以成虫在麦类、李氏禾、看麦娘、早熟禾等禾本科植物的心叶中或基部青绿的叶鞘间越冬，在上海地区没有滞育现象。3月上中旬，越冬代成虫进入活动期，开始在越年生或早发的禾本科杂草的嫩叶上取食产卵，3月中旬末前后，在游草上出现越冬代成虫迁入或活动高峰，3月下旬至4月初出现第一代卵峰，4月上中旬游草上出现明显的第一代成虫高峰，由于早春成虫寿命长，虫量不断累积，盛发期直至4月底到5月初。

　　一般以第三代成虫为主转入单季晚稻秧田、本田，繁殖第四、五代。第二代开始世代重叠严重。8月中旬，在晚稻田可查到以第六代为主的卵盛期。此后受高温和水稻生育期的影响，稻田虫量锐减，但在游草上仍能查到。全年中以第二、三代发生量最大，是猖獗危害期。

2. 食料生态

游草、旱茭白等早发的禾本科植物，是早春虫源的主要繁殖场所，这些寄主的覆盖面和长势，直接关系到早春虫源的积累，进而影响早稻秧田、本田的虫源。稻作类型、品种、育秧方式等多样化、复杂化，使食料得到满足和衔接，有利于其辗转繁殖危害，是猖獗的重要因子。越冬成虫的存活场所优劣和分布面，影响越冬代的总虫量。

稻蓟马食性杂，有明显的趋嫩性、隐蔽性，最喜在禾本科作物和杂草的嫩叶上取食繁殖。成虫有趋向幼嫩秧苗产卵的习性，生长幼嫩的水稻易受到危害，其中单季晚稻秧田更易受害。一般在秧苗2～3 叶期成虫产卵最盛，卵期 3～5 d；4～5 叶期若虫陆续孵化，集中危害嫩叶，若虫期 12～17 d；以后秧田转老，即迁飞到后一批播种的幼嫩秧苗上产卵危害。初孵若虫喜欢群居在心叶的卷隙里，老熟若虫多数潜伏在苗叶枯尖处。

3. 天气条件

稻蓟马成、若虫均怕光、干旱，喜湿润，其发育繁殖需要适宜的温度和较高的湿度。水稻生育期间，虫量大幅度的消长，主要取决于气温条件。稻蓟马耐寒力很强，但不耐高温，超过 28 ℃成虫寿命、产卵量和初孵幼虫的成活率都明显下降。在 23～25 ℃的条件下，成虫平均寿命可达 21 d，产卵期为 14～32 d，卵的孵化率可达 85%～95%，为最适气温。早春气温回升早，3～4 月气温偏高，有利越冬代成虫活动、早产卵和虫量积累。上海地区 5～6 月通常气温适宜，若多阴雨、梅雨季节期长，可引起对早播秧苗猖獗危害。6 月下旬至 7 月上旬，气温偏低时间长、阴雨日多，有利于稻蓟马的发生。夏秋高温干旱，可使稻田虫量锐减；水稻生育期间，大雨、暴雨能抑制其发生。

二、调查内容和方法

1. 田间虫卵量调查

早春当游草出现卷尖时开始定点调查，每 3～5 d 查一次（先

稻 蓟 马

长后短），到出现一代成虫高峰后为止，调查 3～4 次。每次多点取
样 20～50 株（先多后少），检查全株的成虫、若虫、蛹和心叶下的
1～3 张叶片卵量，并记入表 1。游草能不断抽出心叶，是稻蓟马终
年生活的场所，且很少受药剂防治的影响，是较理想的调查寄主。
有条件的监测站可连续做 1～2 年的全年系统调查，掌握各世代发
生情况，做预测参考。

表 1 游草上稻蓟马发生量及发育进度调查表

调查日期（月/日）	调查数量（株）	各虫态数量（粒、头）					百株数量（粒、头）					各虫态百分比（%）				备注
		卵	若虫	蛹	成虫	合计	卵	若虫	蛹	成虫	合计	卵	若虫	蛹	成虫	

　　秧田或苗期调查，按不同稻作类型，对主要类型田，每类型定
1～2 块田，从水稻苗 1 叶 1 心期开始调查。每 5 d 调查 1 次至拔秧
或有效分蘖期为止。每块田每次随机取样 20～50 株（秧田边取 1/
5，秧板中间取 4/5），仔细调查心叶下 1、2 叶卵和全株的成、若
虫数，并记入表 2，统计百株数量和各虫态百分率。

表 2 稻蓟马发生危害及发育进度调查表

调查日期（月/日）	水稻类型	品种	生育期	调查株数	卵、虫数量（粒、头）				各虫态百分比（%）			卷叶株、率调查			备注
					卵	若虫	成虫	合计	卵	若虫	成虫	调查株数	卷叶株数	卷叶株率（%）	

水稻本田调查按不同稻作类型，对主要类型田各定1～2块，移栽稻于移栽后3～5 d开始调查，直播稻于水稻6～7叶后开始调查。每5 d调查1次，至圆秆拔节期止。每次每块田随机取样20～50株，仔细调查心叶下1、2叶卵和全株的成、若虫数，并将结果记入表2，统计百株虫量和发育进度。

2. 黄板诱虫调查

从秧苗1叶1心开始，选择主要类型田各1～2块，每块田设黄板2块，1块南北向，1块东西向，插秧后移至本田。逐日检查鉴定虫数，记入表3。

表3　黄板诱捕稻蓟马记载表

调查日期（月/日）	稻作类型	黄板数量	稻蓟马（头）			花蓟马（头）			备注
			雌	雄	合计	雌	雄	合计	

3. 叶尖初卷期调查

在秧田2～3叶期或移栽本田返青后，每隔3～5 d检查一次。选择主要类型各1～2块，每块调查田查5个点，秧田每点查20～50株，共查100～250株；本田每点查5～10穴，共查25～50穴。先用手蘸水掠动稻苗，翻看手心附着稻蓟马数，再检查叶尖初卷的株数，本田同时抽查5穴稻的分蘖数，推算调查稻穴的总分蘖数，即调查稻株的总株数，计算叶尖初卷期稻株百分率。当叶尖初卷期稻株数量明显上升时，进行普查。

4. 大田危害普查

以上系统调查虫卵量进入盛期时，或者当叶尖初卷期稻株数量明显上升时开始，进行大田巡回调查，调查1～2次，防治后再调查一次防治效果。调查方法参照叶尖初卷期调查。

三、测报方法

1. 历期法预测

根据上一代高峰或上一虫态高峰期和各虫态的发生历期,结合天气等因素,可对下一代高峰或下一虫态高峰进行预测。如卵孵高峰期预测式。

$$卵孵高峰日 = 成虫高峰日或卵峰期 + \frac{1}{2} \times 卵历期$$

2. 经验预测

(1) 趋势预测。 主要看早春及水稻生育期间的气候条件,其次是稻田外的寄主条件。3月中下旬至4月份气温回升早,旬平均气温高于常年,有利越冬代成虫早活动、早产卵,增加早春虫源的积累;游草等早发的寄主植物分布面广,则预示早稻秧田和本田有较大的虫源基础。5月至6月上旬气温偏高,23～25℃时间长,且多阴雨日,预示发生量大,反之,则发生量偏少。6月下旬至7月上中旬,气温偏低,少日照多阴雨,会导致稻蓟马的发生量增加。7、8月份高温干旱达到明显程度,预示轻发。

(2) 防治田块和时间确定。 当查到卷叶株率达5%以上,初卷叶尖平均每叶总虫量4～5头时,估计防治类型田和适期,发出预报,指导防治或开展"查定"。当卷叶株率,秧田达到10%～15%时,本田达到20%～25%时,即要进行防治。第一次用药后7～10 d,按上述办法调查,新出现的卷叶株率达到或超过防治指标时,应进行补治。

3. 模型预测

应用多元模糊回归分析方法对历年稻蓟马发生情况与降水量、温雨系数等组建了早稻稻蓟马发生程度预测模型。

$$Y = 2.4981 - 0.0868X_1 + 0.0182X_2 - 0.5132X_3 + 0.1231X_4$$

式中,Y 为早稻稻蓟马发生程度;X_1 为2月份降水日数;X_2 为2月上旬至中旬降水量;X_3 为2月上旬至中旬温雨系数(降水量/平均气温）；X_4 为 2 月中旬至下旬平均气温。

四、技术资料

1. 形态特征区分

表4　3 种水稻蓟马的主要形态特征

虫态	稻蓟马	花蓟马	稻管蓟马
成虫	体长 1.5 mm 左右，头部近方形，腹末端雌虫圆锥形，具锯齿状产卵器，雄虫较圆钝； 触角 7 节； 前翅淡褐色，顶端较尖，上脉鬃不连续，端鬃 3 根，无间插缨； 雌雄虫体黑褐色	体长 1.3 mm 左右，头顶前缘二复眼间较平，腹末形状及雌虫产卵器同稻蓟马； 触角 8 节； 前翅淡灰色，上脉鬃连 19～22 根，无间插缨； 雌虫头胸黄色，腹部褐色，雄橙黄色	体长 1.5～1.8 mm，头部长方形，腹末端呈管状，雌虫无锯齿状产卵器，长有刺毛 6 根； 触角 8 节； 前翅透明，翅脉不明显，无脉鬃，间插缨 5～8 根； 雌雄虫体赤褐到黑褐色
卵	肾形，散产嫩叶表皮组织内，白色透明，渐变淡黄色	圆形，斜产于剑叶叶鞘内壁，无色透明到乳白色	椭圆形，散产稻穗颖壳间或穗轴凹陷处，偶见于叶片，均产表面，黄白色
若虫	乳白色到淡黄色	乳白色到橘黄色	黄白色，老熟时带桃红色，三、四龄腹末管状

2. 各龄期若虫形态

稻蓟马各龄若虫形态比较见表5。

3. 各虫态历期

稻蓟马各虫态历期见表6，金华县各虫态历期见表7，江苏镇江地区自然气温下（日平均）卵、若虫的发育历期见表8。

表5　稻蓟马各龄期若虫形态比较

虫龄	体长（mm）	体色	触角	翅芽	单眼	复眼
一龄	0.4~0.5	乳白色至淡黄色	第四节略膨大	未见	未见	紫红色
二龄	0.5~0.8	淡黄绿色	同上	未见	未见	紫红色
三龄（前蛹）	0.8~1.2	同上	向头部两侧弯曲	翅芽伸达腹部第三至四节	有时隐约可见，淡褐色	紫红褐色
四龄（蛹期）	0.8~1.3	黄褐色	向后贴在头部及前胸背面	翅芽伸达腹部第六至七节	明显可见单眼3个，红褐色	紫红褐色

表6　稻蓟马各虫态历期

饲养时间	平均温度（℃）	世代历期（d）	卵（d）	一、二龄若虫（d）	三、四龄若虫（d）	成虫产卵前期（d）	成虫存活期（d）
3月下旬至4月下旬	20.8	18.4	7~9（7.7）	5~6（5.5）	2~5（3.1）	1~3（2.1）	15~35（25.5）
5月中下旬	23.1	15.6	6	3.5~4.5（4.2）	2.5~4（3）	2~3（2.4）	10~18（15）
6月下旬	27.9	11.5	4	5	2~3（2.5）	2	—
7月中下旬	28.7	10.0	3~4（3.5）	2~3（2.5）	2	2	5
9月中旬至10月初	27.3	15.8	5~6（5.6）	4~6（5.2）	2~4（3.0）	1~3（2）	13~60（31.7）
10月底至12月下旬	15.7	43.3	7~13（8.8）	16~17（16.3）	7~11（8.3）	6~16（9.7）	12~105（60.2）

注：括号内数字为平均天数。

表7　稻蓟马各虫态历期（金华县病虫测报站，1974）

饲养日期 （月/日）	卵		一、二龄若虫		前蛹至蛹		成虫存活期	
	气温 （℃）	历期 （d）	气温 （℃）	历期 （d）	气温 （℃）	历期 （d）	气温 （℃）	历期 （d）
4/30	20.5	6.0	19.6	6.2	—	—	—	—
5/10 至 6/25	22.0	5.3	22.1	5.0	23.2	3.3	24.5	30.5
5/23 至 7/6	23.9	4.8	20.1	6.4	21.9	3.4	27.1	24.5
6/9 至 7/14	26.0	4.3	25.0	4.8	23.7	3.1	30.2	19.0
6/23 至 7/24	30.8	3.0	31.1	3.7	31.2	2.2	30.7	17.8

表8　自然气温（日平均）卵、若虫的发育历期（江苏镇江地区农科所，1974）

卵	气温（℃）	15.0	16.1	17.6	21.0	21.1	23.9	24.8	26.4	28.5	29.4
	历期（d）	13.7	12.6	12.3	6.3	5.2	4.7	4.5	4.4	4.2	3.1
若虫（蛹）	气温（℃）	15.7	16.1	19.7	20.9	21.8	23.9	24.3	25.0	26.0	27.0
	历期（d）	18.6	16.9	10.1	9.6	9.3	9.2	8.8	7.7	7.0	6.9

4. 有效积温

稻蓟马的发育起点和有效积温见表9。

表9　稻蓟马的发育起点和有效积温

发育阶段	发育起点（℃）	有效积温（℃）	资料来源
卵 一、二龄若虫 三、四龄若虫（前期与蛹） 全世代	12.84±0.62 8.66±1.04 10.97±0.56 11.50±0.75	55.35 63.47 35.10 221.30	江苏省农业科学院根据东台4~8月自然变温制定
卵 若虫（包括蛹） 全世代	11.09±1.21 8.83±0.223 7.97±1.15	60.29 124.70 320.08	江苏镇江地区农科所根据句容2~11月自然变温制定

5. 不同时期虫态组成

稻蓟马各虫态数量比例见表10。

表10 稻蓟马各虫态数量比例（金华县病虫测报站）

饲养观察日期（月/旬）	存活数量（粒，头）			比例（%）		
	卵	若虫	蛹	卵	若虫	蛹
5/上、中	179	40	34	4.5	1	0.85
5/下至6/上	466	90	87	4.7	1	0.88
6/下至7/上	394	66	52	6.0	1	0.79
7/中、下	564	84	67	6.7	1	0.80

6. 稻蓟马分级标准

稻蓟马分级标准（广西）见表11。

表11 稻蓟马发生程度分级标准（广西）

项目	1级	2级	3级	4级	5级
秧田卷叶株率（%）	<20	20～30	31～40	41～60	>60
本田卷叶株率（%）	<10	10～20	21～30	31～40	>40
面积比率（%）	>80	≥20	≥20	≥20	≥20

参考文献

陈观浩，李前飞，2002. 多元模糊回归预测早稻稻蓟马发生程度 [J]. 广西农业生物科学，21（1）：42-45.

广西壮族自治区植保总站，2009. 广西农作物主要病虫测报技术 [M]. 南宁：广西科学技术出版社.

洪晓月，2016. 农业昆虫学 [M]. 北京：中国农业出版社.

全国农业技术服务推广中心，2006. 农作物有害生物测报技术手册 [M]. 北京：中国农业出版社.

全国农业技术推广服务中心，2014. 水稻主要病虫害测报与防治技术手册 [M]. 北京：中国农业出版社.

张左生，1995. 粮油作物病虫鼠害预测预报 [M]. 上海：上海科学技术出版社.

麦类主要病虫害

小 麦 赤 霉 病

　　小麦赤霉病俗称烂麦穗头、麦穗枯,是小麦上最主要的病害。上海地区每年都有不同程度的发生,严重影响小麦的产量和面粉质量,小麦感病后导致大幅度减产,一般发生程度产量损失 10% 左右,偏重发生产量损失在 20%～30%。小麦赤霉病病菌还能产生脱氧雪腐镰刀菌烯醇(DON)毒素,使麦子失去食用价值,引起人畜中毒,出现头昏、呕吐、腹泻等症状,怀孕母畜中毒后会引起流产。此病自小麦苗期到穗期都有发生,可引起苗枯、基腐、秆腐和穗腐等症状,其中以穗腐的危害最大。

一、预测依据

1. 菌源及发生规律

　　菌源是最基本的发病因素,赤霉病的流行与危害程度与菌量关系密切。同样外界条件下,菌量多发病重,危害重;反之则轻。

　　赤霉病病菌以菌丝体和子囊壳在土表的稻桩、玉米等残株及种子上越冬,翌年通过风、雨进行传播。一般抽穗前越冬带菌率 20% 以上,菌量就基本满足发病条件。常发区由于越冬菌源的寄主多而普遍,因而稻桩或玉米秸秆上子囊壳带菌量常年均满足发生流行菌量。决定病情轻重和流行程度的重要条件是子囊孢子释放期及数量与小麦扬花期——最易感病期吻合时期的长短。

2. 天气条件

　　赤霉病属典型的气候型病害。赤霉病病菌的生长、发育、繁殖、侵染、流行均与温度、湿度、日照等有密切关系。气温主要影响发病的早晚和病程进程的快慢。小麦抽穗后，如气温偏高，田间病穗就提早出现。一般平均气温低于 13.7 ℃不发病。在适宜的湿度条件下，一般温度在 10 ℃以上，土表稻桩上产生子囊壳，15 ℃以上，孢子发芽侵入麦穗，25 ℃左右，对侵害麦穗最为适宜。在一定温度条件下，湿度对病害发展和流行起主要作用。长时期的连续温暖、高湿、多雨是发病重的主要条件。在正常年份，大、小麦抽穗后 15～20 d 内，15 ℃以上暖湿连阴雨日数超过 50%，病害就可能流行。

3. 品种抗病性和生育期

不同小麦品种的抗病性存在显著差异。品种的抗病性常因地区不同而不同。小麦不同生育期的感病性存在明显差异。扬花期是赤霉病最易感染、危害最大的生育阶段，其次是齐穗期和灌浆期，乳熟期以后抗病性有所增加。

4. 栽培管理

水源丰富地区小麦赤霉病易流行。一是自然降水较多，在小麦生长季节内降水量多于作物生理需水量的地区，或在抽穗后，尤其是扬花期降水量超过正常太多，导致湿害严重，赤霉病严重。二是有灌溉条件地区，由于灌溉不适时、不适量，或自然降水增加后，排水不及时，导致地下水位升高，田间湿度高、露水多，有利赤霉病的发生流行。

过量施用氮肥，可加重病害，大、小麦插花种植，有利于小麦赤霉病的发生。

二、调查内容和方法

1. 菌源基数调查

（1）稻桩子囊壳调查。 采取定田系统调查和普查相结合的方式进行。选择耕翻麦田和免耕田等不同类型田块，每类型田按干燥和低湿两类各选 2～3 块，每块田随机拾取稻桩 50～100 丛，调查病丛数和病株数，计算丛、株带菌率。时间定在 3 月 10 日开始，4

月中旬结束，每5 d系统调查一次，普查每10 d调查一次。作为当年预测赤霉病的菌量依据。并在小麦扬花期再查一次，作为当年稻桩带菌率的最终数据。调查结果记入表1。

表1　稻桩子囊壳密度调查表

调查日期（月/日）	调查地点	类型田	作物长势	丛带菌			株带菌			备注
				调查丛数	带菌丛数	丛带菌率（%）	调查株数	带菌株数	株带菌率（%）	

（2）稻桩子囊壳发育进度调查。当查见第一个子囊壳堆时开始，以后每5 d一次，每次从不同类型麦田中拾取带子囊壳堆的稻根20～30支带回室内。每根挑取子囊壳堆一角（包括外层和内层），放在有无菌水滴的载玻片上，盖上盖玻片，压碎子囊壳，用显微镜检查其成熟度，结果记入表2。

表2　赤霉病子囊壳成熟度检查表

调查日期（月/日）	镜检稻根数	镜检子囊壳数	子囊壳成熟度分级				子囊壳成熟度指数	备注
			0级	1级	2级	3级		

（3）空中孢子捕捉。用空中孢子捕捉器来捕捉子囊孢子，以空中孢子的相对浮游量来表示菌源量的多少。

采用电动回转式自控孢子捕捉器。捕捉器臂长15～17 cm，转臂至地面1.5 cm，微型电动机转速为1500 r/min。粘孢载玻片采用厚度为1～1.5 mm的载玻片，安装在转臂上呈45°，在回旋迎风面上均匀涂上白凡士林薄膜。

宜在小麦孕穗期连续捕捉20～30 d。每天捕捉时间为凌晨0～2时，早晨8时收片，傍晚装片。

镜检时在玻片中央滴一小滴无菌水，仔细盖上18 mm×18 mm

盖玻片，用 10×10 倍带十字推进器的生物显微镜计数 18 mm×18 mm范围内的子囊孢子数量，比较识别非赤霉病菌孢子。镜检结果记入表3。

表3　空中孢子捕捉记载表

调查日期（月/日）	设置地点	周围类型田	子囊孢子数量				取玻片前 24 h 天气情况
			玻片 1	玻片 2	平均	累计数	

2. 小麦田生育期观察

（1）生育期系统观察。结合病情系统观察进行。当系统田中部分麦株剑叶环出现时开始，每隔 2 d 目测调查 1 次。记载孕穗期、抽穗始期、齐穗期、始花期、盛花期、盛花末期，记入小麦生育期系统调查记载表（表4）。

表4　小麦生育期系统调查记载表

调查日期（月/日）	调查地点	类型田	品种	播种期（月/日）	孕穗期（月/日）	抽穗始期（月/日）	齐穗期（月/日）	始花期（月/日）	盛花期（月/日）	盛花末期（月/日）	备注

（2）生育期普查。当系统田内适期播种区达到孕穗及齐穗标准时各普查 1 次。目测当地各类型田 50~100 块，估计不同类型的生育进度及所占比例，为大面积防治作参考。调查结果记入小麦生育期大田普查记载表（表5）。

表5　小麦生育期大田普查记载表

调查日期（月/日）	调查地点	类型田	品种	孕穗期		抽穗期		齐穗期		扬花期		备注
				田块数	%	田块数	%	田块数	%	田块数	%	

3. 病情观察记载

(1) 病情系统观察。选择在当地有代表性（品种及类型）的小麦田 2～3 块，从抽穗始期起，每日观察病穗始见期。在始见病穗后开始定点调查，即在其周围固定 500 穗，每 5 d 调查一次，调查至小麦蜡熟期止。发现秆腐应注明。调查结果记入表 6。

表 6　小麦赤霉病病情系统观察记载表

日期		类型田	品种	调查穗数	病穗数	病穗率（%）	病情分级					病情指数	备注
月	日						0级	1级	2级	3级	4级		

(2) 病情普查。各测报点于当地麦子主要品种进入蜡熟期（收割前 7～10 d）选择各类型田 20 块（其中未防治田不少于 3 块），每块随机取样 500 穗，将病穗率、病情指数、防治情况等记入表 7。

表 7　小麦赤霉病病情普查（定案考查）记载表

日期		类型田	品种	调查穗数	病穗数	病穗率（%）	病情分级					病情指数	备注
月	日						0级	1级	2级	3级	4级		

三、测报方法

1. 经验预测

(1) 趋势分析。

① 根据天气情况分析预测。一般而言，夏季雨水偏多，日照

偏少，最低平均气温偏低，有利于赤霉病菌越夏，次年发病重，反之发病轻。如上年 7、8 月份均温低于 26 ℃，9、10 月总降水量大于 200 mm，晚播麦面积占 15%，小麦长势旺，天气预报 3～5 月降水量高于常年，则赤霉病严重流行风险大。如当年 4 月上中旬雨日 6 d 以上，平均相对湿度大于 70%，子囊壳成熟早，天气预报 4 月下旬至 5 月中旬降雨在 13 d 以上，并有 3 d 以上连阴雨日，降水量大于 100 mm，相对湿度大于 80%，赤霉病将严重流行。

　　② 根据稻桩子囊壳带菌率或空中孢子数分析预测（表 8），抽穗前稻桩子囊壳丛带菌率接近常年平均值为中度流行，高于常年平均值可能大发生，低于常年值可能轻发。在抽穗扬花灌浆阶段，当天气预报气温在 15 ℃ 以上和连续下雨 3 d 以上，如果稻桩带菌率超过 20%，则将大流行。空中孢子捕捉量多于常年则为流行菌量，反之轻。

表 8　空中孢子量与发生程度的关系（浙江省农业科学院植物保护研究所）

4 月上旬捕捉孢子数	4 月上中旬捕捉孢子数	发病程度
75 个以下	130 个以下	轻发生
75～110 个	130～200 个	中等发生
110 个以上	200 个以上	偏重发生

　　（2）防治田块确定。4 月中旬起，密切注意小麦抽穗扬花情况，分品种、分田块，在上午 8～9 时检查扬花进度。每块田在田中间查 3～5 点，每点查麦株 20～30 株，每隔 1 d 观察一次，记录扬花株数，直到扬花 80% 时止。

　　将扬花灌浆期可能遇到连续下雨的田块，定为防治田块。如果雨量大，或 10 d 内雨日超过 5 d，立即发出严重发生的预报。如平均气温低于 15 ℃，或气温高于 15 ℃ 而天气连续晴好，则可延迟用药，或不用药。

　　2. 模型预测

　　对夏、秋气象因子，田间稻桩带菌率，空中孢子量等发病关键因子与后期发生程度的相关性进行分析，建立预测模型，预测后期发生趋势。

例 1 上海地区 1958—1977 年各气象要素与小麦赤霉病病情的预报方程。

y 为小麦赤霉病发病率（%）；x_1 为 2 月上旬雨日；x_2 为 1 月平均最高气温；x_3 为 4 月上旬平均相对湿度；x_4 为 4 月中旬平均最低气温；x_5 为 4 月下旬平均最低气温；x_6 为 4 月雨日。

（1）中期预报（可于发病前 20 d 的 4 月 11 日发布）预报方程。

当 $F = 1.5 \sim 6.5$，$r = 0.8333$，$\sigma = 10.72$ 时，$y = 4.06x_1 - 6.86x_2 + 1.13x_3 - 24.14$

代入 1978 年各实测 x 值，则理论的小麦赤霉病病情指数为 29.6，比实际发生情况多 4.6。

（2）短期（4 月 21 日）预报方程。

当 $F = 3.0 \sim 3.5$，$r = 0.87$，$\sigma = 9.92$ 时，$y = 3.84x_1 - 7.09x_2 + 1.11x_3 + 2.5x_4 - 46.54$

代入 1978 年各实测 x 值，则理论的小麦赤霉病病情指数为 33.6，比实际发生情况多 8.6。

（3）校正（5 月 1 日）预报方程。

当 $F = 1.0 \sim 4.5$，$r = 0.95$，$\sigma = 6.19$ 时，$y = 3.04x_1 - 6.72x_2 + 0.59x_3 + 2.16x_5 + 2.92x_6 - 46.99$

代入 1978 年各实测 x 值，则理论的小麦赤霉病病情指数为 17.7，比实际发生情况少 7.8。

例 2 根据杭州地区 1973—1978 年小麦抽穗前 4 月上旬的降雨日数（x_1）与穗发病率（y）之间的相关性预测：

$$r = 0.979 \quad P < 0.01$$

小麦抽穗期前 4 月上旬的降水量（x_2）与发病程度之间的相关系数：

$$r = 0.939 \quad P < 0.01$$

y 与 x_1 和 x_2 之间的复相关系数 $r = 0.9798$

回归方程式：

$$y=18.6021x_1-1.1713x_2-0.452$$

经 F 检验，复相关系数极显著。

方程式的估计标准误差为 1.612%。

例3 根据空中孢子量建立发生预测模型。

穗发病率（y）与4月上旬的子囊孢子捕捉数（x_3）之间的相关系数：

$$r=0.955 \quad P=<0.01$$

直线回归方程式：

$$y=0.545x_3-10.33$$

经大田测验 $P<0.01$，方程式可以成立。

例4 根据小麦赤霉病发生与菌源和穗期暖雨日数的关系建立模型（江苏省苏州市）。

病穗率（y）与齐穗后 20 d 内 >15 ℃雨日数（x_1）和稻桩丛带菌率（x_2）的回归方程式如下：

$$y=2.64x_1+0.94x_2-6.56$$

注：>15 ℃雨天为日气温>15 ℃、日降水量>0.1 mm 的雨天。稻桩丛带菌率为4月中旬大田普查平均值。

预测发生程度的历史吻合率为 100%。

四、技术资料

1. 子囊壳成熟度分级指标（参考 GB/T 15796—2011）

以显微镜视野内大多数孢子的成熟程度为定级依据，共分4级：

0级：子囊壳形成，但无子囊和子囊孢子；

1级：子囊期，压破只见棍棒状和菊花状簇生子囊，未见子囊孢子；

2级：子囊孢子期，子囊孢子分隔清楚，或子囊内有明显可辨的孢子；

3级：子囊孢子释放期，子囊壳体积大，易碎，内有大量子囊孢子，子囊壳表面常有灰色或粉红色粉末。

2. 小麦赤霉病病情严重度分级标准（参考 GB/T 15796—2011）

病情严重度用目测法共分5级：

0级：无病；

1级：病小穗占全部小穗的 1/4 以下；

2级：病小穗占全部小穗的 1/4～1/2；

3级：病小穗占全部小穗的 1/2～3/4；

4级：病小穗占全部小穗的 3/4 以上。

3. 小麦赤霉病发生程度分级标准

小麦赤霉病发生程度分级指标见表9。

表9　小麦赤霉病发生程度分级指标（参考 GB/T 15796—2011）

指标	1级	2级	3级	4级	5级
病穗率（%，X）	X≤10	10<X≤20	20<X≤30	30<X≤40	X>40
发生面积比率（%，Y）（参考指标）	Y>30	Y>30	Y>30	Y>30	Y>30

资料来源：农作物有害生物测报技术手册。

4. 影响赤霉病侵染小麦的关键生育期（参考 GB/T 15796—2011）

孕穗期：以 10% 麦株的剑叶环露出为孕穗始期，50% 麦株的剑叶环露出为孕穗盛期，80% 麦株的剑叶环露出为孕穗末期。

抽穗期：以幼穗顶部 1～2 个小穗露出剑叶鞘为抽穗，10% 的麦株抽穗为抽穗始期，50% 的麦株抽穗为抽穗盛期，80% 的麦株抽穗为齐穗期。

开花期：以麦穗中部第一朵小花开放为开花，10% 的麦穗开花为始花期，50% 麦穗开花为盛花期，80% 麦穗开花为盛花末期。

灌浆期：籽粒开始沉积淀粉，胚乳呈炼乳状，籽粒含水量在 5% 左右时为乳熟期，约在开花后 10 d 左右。

腊熟期：籽粒开始变硬，胚乳呈蜡状，也称为成熟期。

参考文献

姜玉英，2008. 小麦病虫草害发生与监控 [M]. 北京：中国农业出版社 .

农牧渔业部农作物病虫测报站，1983. 农作物病虫预测预报资料表册（下册）[M]. 北京：农业出版社 .

张跃进，2006. 农作物有害生物测报技术手册 [M]. 北京：中国农业出版社 .

中华人民共和国农业部，2011. GB/T 15796—2011 小麦赤霉病测报技术规范 [S]. 北京：中国标准出版社 .

周世明，1979. 应用电子计算技术进行小麦赤霉病预测预报的研究之一 [J]. 植物保护（5）：37 - 44.

小 麦 白 粉 病

白粉病是小麦上常见的一种病害，该病害在上海郊区常有发生，造成减产，其危害程度因小麦品种、栽培技术及气候条件不同而有差异，一般发生在叶片上，危害严重时，叶鞘、茎秆和穗部也会发生。

一、预测依据

1. 菌源及发生规律

小麦白粉病的病菌以子囊壳在被害残株上越冬，春天放出大量病菌（子囊孢子）侵害麦苗，在被害植株上大量繁殖后，借风传播再次侵害。在小麦秋苗发病较多的地区，春季发病的菌源主要来自当地的越冬菌源。在秋苗发病较少的地区，春季菌源除来自当地越冬菌源外，还来自相邻早发病地区。一般来说，大流行年份的菌源主要来自当地的越冬菌源。

2. 天气条件

温度影响春季始病期的早晚、潜育期的长短和病情发展速度以及病害终止期的早迟。早春气温偏高，始病期提早。适宜白粉病发生的温度范围为 0～25 ℃。在此范围内，潜育期随温度增高而缩短，以 20 ℃左右发展最快。在春季发病后期，如高温来得早，将减轻病害发生和流行程度，超过一定温度（25 ℃以上），病害则停止发展。

雨量与病害发生和流行的关系较为复杂。空气相对湿度较高对病菌分生孢子的萌发和侵入有利，但雨水太多又不利分生孢子的生成和传播。因此，春季降水量的多少对病害发生的影响因地区而异。

常年雨水较多地区，空气相对湿度较高，如在发病关键时期雨水较多，特别是连续降雨，对病害的发生和流行不利。对于常年雨水较少地区，如降水较多且分布均匀，则有利病害发生与流行。雨日多、降水量分散年份发病重，但降水量过多、过于集中年份发生轻。

小麦白粉病分生孢子对直射阳光很敏感。春季发病期间，阴天日照少，病害发生重；反之则轻。

3. 品种抗病和栽培条件

小麦品种对白粉病抗性存在明显差异。

施氮肥过多，磷、钾肥不足，易造成麦株生长过旺，植株过密，通风透光不良，容易发病。

二、调查内容和方法

1. 系统调查

发病前（早春）选择肥水条件好、生长嫩绿的田块（或是历年发病早且重的田块）进行调查，一旦发现病株立即确定 2 块系统调查田，每块田固定 2 个点，每点 100 株（其中必须有 1 点发病），每 5 d 调查一次，查病株数和各级病叶数，计算病株率和病情指数。调查结果记入表 1。

表 1　小麦白粉病系统调查记载表

调查日期（月/日）	调查地点	品种	生育期	病株数			病叶数			各级病叶数					备注
				总株数	病株数	病株率（%）	总叶数	病叶数	病叶率（%）	0级	1级	2级	3级	4级	

2. 大田普查

分别在小麦苗期、拔节期、孕穗期和乳熟期各查一次。对当地的不同品种、不同播期、不同肥水状况的类型田要尽量查到，共查

10～20 块田，调查采取五点取样法，每点调查 50 株，查病株数和各级病叶数，计算病株率和病情指数。调查结果记入表 1。

三、预测预报方法

1. 经验预测

根据越夏、越冬（上年发病程度）情况，或秋苗及早春发病早迟、发病程度，冬季的气候状况，感病品种栽培面积和作物长势，结合天气预报综合分析预测。如果上年发病重，秋苗或早春发病早且重，冬季和早春气温较常年偏高，感病品种面积大于 50%，肥水条件好，小麦长势旺，长期预测 4 月份阴雨日多、气温正常偏高，则可预报白粉病发生重，反之则发生轻。

根据春季发病早迟及病情上升快慢，3 月份天气状况及 4 月份气象预报的降水量、气温情况，感病品种面积大小和小麦长势等分析预测。如果春季发病较早、病情上升快，3 月份达到 10 ℃的时间偏早，阴雨日较多、降水量适中、日照少，感病品种大面积连片种植、小麦长势旺、田间通风透光条件差，则可预测病害流行，反之偏轻。

小麦发病后，特别是拔节期至孕穗期的病情增长速度快，其间温、湿度又有利发病，此后天气预报 4 月下旬至 5 月上旬阴雨高湿（相对湿度 70% 以上），无大于 25 ℃ 的连续高温天气，小麦长势较嫩，田间荫蔽，白粉病将大流行。

2. 模型预测

根据上年发病程度或秋苗及早春发病早迟、发病程度，春季发病早迟及病情上升快慢，常年发病前后的天气因素等与小麦白粉病发生程度的相关性作数据拟合，建立模型进行预测。

例 1 利用病叶率与小麦白粉病发生程度的关系预测

越冬区历年 2 月 10 日左右病叶率与历年小麦白粉病发生程度长期预测模型如下。

$$Y = 1.3687 + 0.6743X \pm 0.7, \quad r = 0.9027^{**}$$

式中，Y 为发生程度，X 为 ln（$100 \times X_0$），X_0 为 2 月 10 日

实际病叶率。江苏吴县 1996—1999 年小麦白粉病长期预测结果与实况值对照见表 2。

表 2　小麦白粉病长期预测结果与实况值对照表（江苏吴县）

年份	1996	1997	1998	1999
实况值	4.5	5	2	4
预报值	3.0	4.5	1.5	4.4
越冬区病叶率	0.11%	1%	0.013%	0.96%

例 2　利用病叶率和小麦生育进程的关系预测

利用白粉病病叶率和小麦生育进程建立中期预测模型。

$$Y = 2.5567X_1 + 0.9180X_2 - 0.8210，r = 0.8418^{**}$$

式中，X_1 为 2 月 10 日左右越冬区小麦白粉病病叶率；X_2 为小麦生育进程级数。

注：根据大面积播种适期至 10 月 30 日播种区的资料，把小麦生育进程分成 5 个等级，即早、偏早、正常、偏迟和迟，其相应表示级别数为 1、2、3、4、5 级。

例 3　利用温度与小麦白粉病发生程度的关系预测

利用 3 月中下旬温度，建立预测模型如下。

吴县　$Y = -30.2723 + 1.869X_1 \pm 2.650X_2，r = 0.7120$

式中，Y 为严重度；X_1 为 3 月中旬均温，X_2 为 3 月下旬均温。

高邮市　$Y = -18.422 + 4.277X_1，r = 0.8006$

式中，Y 为严重度；X_1 为 3 月中旬均温。

盐都县　$Y = -64.749 + 11.759X_1，r = 0.7574$

式中，Y 为病叶率；X_1 为 3 月中旬均温。

四、技术资料

1. 严重度

严重度分级标准（上海地区）

0 级：全叶无病斑；

1 级：病斑占叶面积 5% 以下；

2 级：病斑占叶面积 5%～25%；

3 级：病斑占叶面积 26%～50%；

4 级：病斑占叶面积 50% 以上。

2. 发生程度分级指标（参考 NY/T 613—2002）

小麦白粉病的发生程度以当地发病盛期的平均病情指数来确定，划分 5 级（表 3）。

表 3　小麦白粉病发生程度分级指标

分级指标	1 级	2 级	3 级	4 级	5 级
病情指数（I）	$I \leqslant 10$	$10 < I \leqslant 20$	$20 < I \leqslant 30$	$30 < I \leqslant 40$	$I > 40$

参考文献

刘万才，邵振润，姜瑞中，等，2002. 小麦白粉病测报与防治技术研究 [M]. 北京：中国农业出版社.

全国农业技术推广服务中心，2008. 小麦病虫草害发生与监控 [M]. 北京：中国农业出版社.

张孝羲，张跃进，2006. 农作物有害生物测报技术手册 [M]. 北京：中国农业出版社.

中华人民共和国农业部种植业管理，2002. NY/T 613—2002　小麦白粉病测报调查规范 [S]. 北京：中国农业出版社.

小 麦 锈 病

锈病俗称黄疸病、雄黄病。小麦发病后轻者麦粒不饱满，重者麦株枯死，不能抽穗。锈病包括秆锈、叶锈、条锈三种。锈病广泛分布于全国各小麦产区，往往交织发生，其中条锈病危害最大。上海地区以秆锈为主，其次为叶锈。

一、预测依据

1. 菌源及发生规律

病菌（主要以夏孢子和菌丝体）在小麦和禾本科杂草上越夏和越冬。越夏病菌可以使秋苗发病。开春后，越冬病菌（夏孢子）直接侵害小麦，或者靠气流从远方传入，使本地区小麦发病。之后，病菌在病麦上不断繁殖，多次侵害小麦，造成病害流行。

越冬菌源量多、范围大，在春季条件适宜的情况下，春季流行严重，外来菌源量大，病害也可能流行。

2. 天气条件

降雨是小麦秆锈、叶锈发生与流行的首要因子。病菌夏孢子的萌发和侵入，都需要有水滴或水膜，因此，结露、降雾、下雨都有利锈病的发生，以结露最为有利。

小麦秆锈病侵入最适温度为 18～22 ℃，潜育期温度为 20～25 ℃。叶锈病侵入最适温度为 15～20 ℃，10 ℃为其侵染加快的基点。春季，气温在 5 ℃以下时，病情发展十分缓慢，而当气温升到 10 ℃以后，病叶率迅速增加。锈菌夏孢子萌发阶段不需要光照，而侵入则需要光照。弱光条件下潜育期较强光条件下可延长 1 倍。

3. 品种及栽培环境

品种之间抗性差异很大，有些品种抗病性很强，不需要防治，有些则发生很重。大面积连片种植同一抗原基因的品种，抗性易丧失，病害易大面积流行。

施用氮肥过多，麦株组织柔嫩，有利锈病病菌的侵入和发育。

二、调查内容和方法

1. 系统调查

在非越冬区，由春季发现病叶后开始定点调查。在潜育越冬区和秋季至春季能持续发展危害的地区，由秋苗发病后开始定点调查。

选取发病条件较好、发病较早的代表性感病品种麦田作为系统观测田，每块田面积应大于（2×667）m²。定3个调查点（调查点需要有病叶），每点2 m行长（条播田）或1 m²（撒播田），每10 d调查1次，至小麦成熟期或叶锈病病情停止增长为止。发病初期，需检查点内全部叶片发病情况，当病叶率达5％以上时，每点查200片叶。结果记入小麦叶锈病病情系统调查表（表1）。

表1　小麦叶锈病病情系统调查表

调查日期（月/日）	调查地点	地块类型	品种	生育期	发病部位	调查叶数	病叶数	病叶率（％）	病情指数	备注

2. 大田普查

分别在小麦秋苗期、拔节期和乳熟期进行3次普查。冬季繁殖区在秋苗发病盛期调查。同一地区各年调查时间应大致相同。

依据小麦栽培区划和常年秋苗发病情况选定若干代表性区域，在各代表性区域内选感病品种的早播和适期播种麦田调查。调查田块数量根据秋苗发病程度确定，一般不少于10块田。

若叶锈病处于点片发生期，随机五点取样，每点检查60～

70 m²，记录单片病叶数。另外，每块田还需选取 1 m 行长（条播田）或 0.5 m²（撒播田）代表性样点，计数叶片数目用以估算叶片密度（片/hm²）。

若全田普遍发病，随机五点取样，每点 2 m 行长或 1 m²，随机检查 100 片叶的发病情况（乳熟期调查旗叶或旗下一叶）。记录调查结果并记入小麦叶锈病病情普查表（表2）。

表2　小麦叶锈病病情普查表

调查日期（月/日）	调查地点	品种	播种期	生育期	田块面积（m²）	全田发病情况	实查面积（m²）	叶片密度（片/m²）	单片病叶密度（片/m²）	调查叶片数	发病叶片数	病叶率（%）	严重度（%）	病情指数

三、预测预报方法

1. 经验预测

冬前如秋苗发病普遍，感病品种种植面积大，冬季气温偏高，气象预报第二年 3～5 月份多雨，病害即有偏重流行的可能。冬后根据越冬菌源有无和数量、春雨的多少及早春气温的高低三因素综合分析，春季降水量大、雨露日数多，入春后气温回升快，病害则有偏重流行可能。

2. 模型预测

例1 某地对小麦锈病发生面积和年旬气象资料进行统计分析，建立相应的预测预报模型。

$$y = 3.7644 + 0.0070x_1 - 0.0097x_2 + 0.0273x_3 + 0.1079x_4 - 0.2145x_5$$

$$(F = 96.309, r = 0.999)$$

式中，y 为小麦锈病发生面积；x_1 为播种当年 7 月下旬降水量；x_2 为播种当年 11 月上旬日照时数；x_3 为播种当年 3 月上旬日照时数；x_4 为播种次年 4 月中旬平均气温；x_5 为播种次年 4 月下旬降水量。

例 2 某地用雨、雾、露 3 种天气出现天数和小麦叶锈病发生时间建立预测模型。经验预报公式如下。

$$\sum_{t_0-1}^{t-1} R(t) \cdot Rd(t) \geqslant 270 (8月中旬 < t \leqslant 次年5月下旬)$$

式中，t 为锈病流行起点旬；t_0 为田间出现发病中心的一旬；$R(t)$ 为旬降水量（mm）；$Rd(t)$ 为旬湿日数（指雨、雾、露三种天气至多出现一种的日数）。

预测方法：从 (t_0-1) 旬起对 $R(t)$、$Rd(t)$ 值逐旬累加，到 $(t-1)$ 旬时的总和大于 270 时，则 t 旬 [即 $(t-1)$ 的下旬] 即是所求的锈病流行起点旬。

四、参考资料

1. 小麦叶锈病发生程度分级标准

小麦叶锈病的发生程度以当地发病盛期平均病情指数确定，划分为 5 级，各级指标见小麦叶锈病发生程度分级指标（表 3）。

表 3　小麦叶锈病发生程度分级指标（参考 NY/T 617—2002）

级别	1 级	2 级	3 级	4 级	5 级
病情指数（I）	$I \leqslant 15$	$15 < I \leqslant 30$	$30 < I \leqslant 45$	$45 < I \leqslant 60$	$I > 60$

2. 小麦条锈病发生程度分级标准

小麦条锈病发生程度分级标准参见表 4。

表 4　小麦条锈病发生程度分级标准（参考 GB/T 15795—2011）

发生程度指标	1 级	2 级	3 级	4 级	5 级
病情指数（I）	$0.001 < I \leqslant 5$	$5 < I \leqslant 10$	$10 < I \leqslant 20$	$20 < I \leqslant 30$	$I > 30$
病田率（X）（%）（参考指标）	$1 < X \leqslant 5$	$5 < X \leqslant 10$	$10 < X \leqslant 20$	$20 < X \leqslant 30$	$X > 30$

参考文献

程海霞，王丛梅，帅克杰，等，2010. 山西省晋城市小麦病虫害气象预报模型 [J]. 江苏农业科学 (6)：159 - 163.

江苏省植物保护站，2005. 农作物主要病虫害预测预报与防治 [M]. 南京：江苏科学技术出版社.

农牧渔业部农作物病虫测报站，1983. 农作物病虫预测预报资料表册 (下册) [M]. 北京：农业出版社.

张跃进，2006. 农作物有害生物测报技术手册 [M]. 北京：中国农业出版社.

中华人民共和国农业部，2002. NY/T 617—2002　小麦叶锈病测报调查规范 [S]. 北京：中国标准出版社.

中华人民共和国农业部，2011. GB/T 15795—2011　小麦条锈病测报技术规范 [S]. 北京：中国标准出版社.

中华人民共和国农业部农作物病虫测报总站，1980. 农作物主要病虫测报办法 [M]. 北京：农业出版社.

小 麦 纹 枯 病

　　小麦纹枯病是一种土壤传播真菌病害，发生分布地域广，病原物寄主广泛。其危害程度因小麦品种、栽培措施及气候条件不同而有差异，发病小麦一般减产5％～10％，严重地块减产可达20％～40％。小麦从播种至生长后期均可发病，主要危害植株基部的叶鞘和茎秆，分别造成烂芽、病苗、死苗、花秆、烂茎、枯孕穗和枯白穗等不同危害症状。

一、预测依据

1. 菌源及发生规律

　　病原物以菌核或菌丝体在土壤中或附着在病残体上越夏或越冬，成为初侵染的主要菌源。感病寄主发病后产生的菌核可增加病害初侵染菌源数量，病害可通过带菌的土壤、病残体、未腐熟的有机肥等传播。

　　小麦纹枯病田间发生规律大体有冬前发生期、越冬稳定期、返青上升期、拔节盛发期和抽穗后枯白穗显症期5个阶段，其中小麦冬前发生期和拔节盛发期是2个发病高峰。

2. 天气条件

　　病害的发生发展与日均温度关系密切。日均气温在10℃以下病情发展缓慢，超过15℃时病情上升，20～25℃时病情发展迅速，30℃左右病情基本停止。秋冬季温度比往年高，春季多雨潮湿天气利于病害发生。

3. 品种抗病性和栽培管理

小麦纹枯病无免疫和高抗品种，但品种间抗、耐病性有明显差异。生产上大面积推广的感病品种是病害普遍发生的重要原因之一。

土壤黏重、排水不畅和有机质含量低的田块小麦抗病力差、发病重；播期早、苗期气温高，冬前病菌侵染时间长，发病相对较重；偏施、迟施氮肥，轻磷、钾肥，麦苗素质差，抗病力下降；杂草严重，植株长势差，加剧田间病害的滋生与蔓延。

二、调查内容和方法

1. 系统调查

小麦返青后（2 月中下旬）开始调查，直到乳熟期。选择适宜发病、不同播期的麦田 2~3 块，每块田单对角线五点取样，定田不定株，每次在 5 个方位随机拔起 20 株小麦，逐株（茎）剥查，调查病株数。3 月下旬至 4 月下旬每 5 d 调查 1 次，其余时间每10 d 调查 1 次。从拔节期（进入侵茎期）开始调查侵茎数和病茎严重度。进行病茎严重度调查时，每点拔病株 10 株逐一调查病茎严重度，计算侵茎率和病情指数，全田侵茎率和病情指数还需乘病株率。调查记载格式见表 1。

表 1 小麦纹枯病定点调查记载表

调查日期（月/日）	茬口	播期（月/日）	生育期	株发病			茎发病			各级严重度株数						病情指数	备注
				调查株数	病株数	病株率（%）	调查株数	病茎数	侵茎率（%）	0级	1级	2级	3级	4级	5级		

2. 大田普查

分别在小麦秋苗期、拔节期、扬花期、乳熟期调查，每年普查时间应大致相同。在各代表性区域内，选择不同品种、不同茬口、不同播期及不同施肥水平等不同生态类型田 10 块以上，每块田对角线五点取样，每点调查 20 株，记载病株数、侵茎数和病情指数，统计病田率。调查记载格式见表 2。

表 2　小麦纹枯病普查记载表

| 调查日期（月/日） | 调查地点 | 茬口 | 播期（月/日） | 耕作方式 | 生育期 | 株发病 | | | 茎发病 | | 各级严重度株数 | | | | | | 病田率（%） | 病情指数 |
						调查株数	病株数	病株率（%）	调查株数	侵茎数	侵茎率（%）	0级	1级	2级	3级	4级	5级		

三、测报方法

1. 经验预测

根据本地区小麦主栽品种抗病性情况，上半年小麦播期早迟，秋、冬季苗期病情基数，稻麦连作年限及当年所占比例，并结合春季长期天气预报等做出综合分析预测。若小麦感病品种种植面积比例大，秋苗发病重，当前病情基数高，稻麦连作面积大（占 50% 以上），播种期正常偏早，春季气温回升快，雨日多，病害流行可能性大，反之则轻。积累一定的数据后可以通过分析相应因子的相关性作预测模型进行预测。

根据早春病情基数、病情增长速度，小麦长势，结合小麦品种，中、短期天气预报综合分析预测。若早春发病重，气温回升快（10 ℃以上），小麦长势好，且群体密度大，气象预报 3、4 月份雨水偏多，光照不足，病害将大流行；反之则轻发生。

2. 模型预测

通过分析温度、相对湿度、雨日数、降水量等与发病相关的因子，结合调查的病茎率、病情指数等建立预测模型。

例1 利用发病基数及天气因素与发生程度相关性建立模型。

$Y = -0.51825 + 0.28071X_1 + 0.47103X_2 + 0.48248X_3$ （$r_{0.05} = 0.92958$, $r_{0.01} = 0.733$）

式中，Y 为病情程度级别；X_1 为12月下旬病株率级别；X_2 为1～2月平均温度级别；X_3 为2～4月降水量级别。河南南阳小麦纹枯病预测资料分级标准见表3。

表3　小麦纹枯病预测资料分级标准（河南南阳）

发生程度		12月下旬病株率（%）	1～2月平均温度（℃）	2～4月降水量（mm）
1级	轻发生	≤15.0	<1.5	≤35.0
2级	偏轻发生	15.1～20.0	1.5～2.1	35.1～70.0
3级	中等发生	20.1～25.0	2.2～2.8	70.1～105.0
4级	偏重发生	25.1～30.0	2.9～3.5	105.1～140
5级	大发生	>30.0	>3.5	>140

例2 对某地区连续多年小麦纹枯病发生程度与气象因子、感病品种和抗病品种建立中短期流行动态的回归模型预测式。

(1) 田间小麦纹枯病发生趋势预测。

$Y = 31.5360 - 0.6920X_1 - 0.4152X_2 - 0.1419X_3 + 0.0813X_4$

式中，Y 为病情指数；X_1 为气温；X_2 为10 cm耕作层温度；X_3 为相对湿度；X_4 为降水量。

(2) 感病品种中短期流行动态的预测。

$Y = 4.8580 + 1.5326X - 0.1653T - 5.7800Q + 0.2693Q \times T$

（流行速率 $r = 0.0078$）

(3) 抗病品种中短期流行动态的预测。

$Y = -12.1309 - 0.1392X + 0.4228T + 2.7362Q - 0.1195Q \times T$

（流行速率 $r = 0.0015$）

式中，Y 为最终病情；X 为最初病情；T 为日均温；Q 为降水总量；$Q \times T$ 为降水总量与日均温相互作用。X、T、Q 需在 3 月上旬至 5 月中旬调查。

四、技术资料

1. 严重度分级（参考 NY/T 614—2002）

严重度指病茎上病斑宽度占茎秆周长的比例，用分级法表示。

0 级：（无病）健株；

1 级：叶鞘发病，或茎秆上病斑宽度占茎秆周长的 1/4 以下；

2 级：茎秆上病斑宽度占茎秆周长的 1/4～1/2；

3 级：茎秆上病斑宽度占茎秆周长的 1/2～3/4；

4 级：茎秆上病斑宽度占茎秆周长的 3/4 以上，但植株未枯死；

5 级：病株提早枯死，呈枯孕穗或枯白穗。

2. 发生程度分级（参考 NY/T 614—2002）

小麦纹枯病发生程度以当地发病高峰期平均病情指数表示，划分为 5 级（表 4）。

表 4　小麦纹枯病发生程度分级指标

指　标＼级　别	1 级	2 级	3 级	4 级	5 级
病情指数（I）	$I \leqslant 5$	$5 < I \leqslant 15$	$15 < I \leqslant 25$	$25 < I \leqslant 35$	$I > 35$

参考文献

郭玉人，2014. 植保员手册 [M].5 版 . 上海：上海科学技术出版社 .

姜玉英，2008. 小麦病虫草害发生与监控 [M]. 北京：中国农业出版社 .

石明旺，闵红，石蔚云，等，2003. 豫北地区小麦纹枯病春季中短期流行预测的初步研究 [J]. 河南农业大学学报，37（4）：348 - 351.

王裕中，吴志凤，史建荣，等，1994. 江苏省小麦纹枯病发生规律与病害消长因素分析 [J]. 植物保护学报，21（2）：109 - 114.

姚双艳，毛培，宋鹏飞，等，2014. 南阳方城小麦蚜虫和纹枯病预测模型研究 [J]. 华中昆虫研究（10）：94 - 100.

张跃进，2006. 农作物有害生物测报技术手册 [M]. 北京：中国农业出版社 .

中华人民共和国农业部，2002. NY/T 614—2002　小麦纹枯病测报调查规范 [S]. 北京：中国农业出版社 .

大 麦 条 纹 病

大麦条纹病是大麦的常见种传病害。长江流域近几年发病普遍，危害严重，江苏、浙江、四川等省病情严重地区大麦产量损失20％以上。上海平常年份发生较轻，但 2009 年全市发生较重，平均病株率高达 9.28％，严重田块达 47％，全市大麦产量损失达10％左右。大麦从苗期叶片感病后一直到分蘖期、穗期，随着病斑扩展，叶片逐渐破裂干枯，最后受害植株往往矮小或提前枯死，导致不能抽穗或抽出的穗弯曲畸形、不结实或籽粒不饱满。

一、预测依据

1. 菌源

病菌以休眠菌丝潜伏在种子内部越冬、越夏，病菌在种子萌发时侵入幼芽，随着大麦生长不断感染叶片，以后进入穗部造成病穗。到后期病部产生大量分生孢子，在大麦扬花时随风雨传播侵入健穗，萌发为菌丝侵入使种子带菌。发病重的田块留种，种子带菌率高，下年发生就重。

2. 天气条件

大麦条纹病适宜发病土温 5～10 ℃，11～15 ℃时发病显著减轻，20 ℃以上发病极少或不发病。播种后土温低、湿度大，有利于种子内菌丝生长。大麦生长期间和抽穗时高温高湿，病菌快速生长，病害加重，带菌种子就多。

3. 品种抗病性

大麦条纹病品种抗病性差异很大，培育抗大麦条纹病的品种是防治该病害最经济有效的手段。

4. 栽培条件

春大麦早播或冬大麦晚播，施氮肥过多，麦株生长嫩弱的情况下容易发病。

二、调查内容和方法

1. 苗期普查

在大麦 4～5 叶期调查 1 次，选择不同播期、不同品种类型田 20 块，每块田平行线、棋盘式或 Z 形取样，调查 5 个点，每点 50 株，共调查 250 株，记载病株数，统计病株率，结果记入表 1。

表 1　大麦条纹病苗期普查记载表

调查日期（月/日）	调查地点	品种	播期（月/日）	调查株数	病株数	病株率（%）	备注

2. 系统调查

从大麦拔节后开始，每 10 d 调查 1 次，选择有代表性的早、中、晚类型田各 1 块，每块田平行线、棋盘式或 Z 形取样，调查 5 个点，每点 100 株，共调查 500 株，记载病株数，统计病株率，结果记入表 2。

表 2　大麦条纹病定点调查记载表

调查日期（月/日）	调查地点	品种	播期（月/日）	生育期	调查株数	病株数	病株率（%）	备注

3. 大田普查

在大麦穗期田间病情基本稳定后进行，在代表性区域内，选择不同品种、不同播期类型田共 20～30 块，每块田平行线、棋盘式或 Z 形取样，调查 5 个点，每点 50 株，共调查 250 株，按照五级分级标准统计发病情况，计算病株率及病情指数，结果记入表3。

表3　大麦条纹病普查记载表

调查日期（月/日）	调查地点	品种	播期（月/日）	调查株数	病株分级						病株率（%）	病情指数	备注
					0级	1级	2级	3级	4级	5级			

三、测报方法

大麦条纹病的预测预报，主要是根据上年大麦的发病情况、留种或调引种情况、当年大麦品种、种子处理及大麦播期和扬花期的天气条件等因素综合分析。

1. 经验预测

（1）根据带菌率预测。调查品种来源，收集来源地常年，特别是上一年度的发生情况。上年发病重、调引种频繁、种植感病品种比例大、种子处理比例小或处理效果差时发病重。有条件的对麦种进行带菌率检测，根据带菌率分析进行预测。

（2）根据生育期天气与发病关系预测。冬麦区播种推迟（上海地区11月25日后播种），春麦区播种过早，播种后土温低、多雨，种子发芽慢，幼苗出土迟，麦苗长势弱有利于病菌侵入，病害流行可能性大，反之则轻。

成株期高温高湿，偏施氮肥，植株柔嫩发病比较重。抽穗开花期高温多湿有利于分生孢子萌发和侵染，种子带菌率高。

2. 模型预测

例　带菌种子是大麦条纹病田间主要初侵染源，以中心传播方式进行再侵染，孢子引起肉眼可见病斑的有效距离一般为80 cm，再侵染梯度模型如下。

$$\ln x = -0.3144 - 0.9615 \ln d_i$$

即 $x=0.7302/d_i^{0.9615}$

式中，d_i 为有效距离；x 为侵染梯度 4 个方位叠加的病情指数。

四、技术资料

1. 大麦条纹病病情分级标准（上海暂定）

0 级：无病；

1 级：叶及叶鞘上有少量病斑，病斑面积不超过总叶面积的 5%，穗部无病；

2 级：叶及叶鞘上有一定量病斑，病斑面积不超过总叶面积的 25%，穗部无病；

3 级：叶及叶鞘上有较多病斑，病斑面积不超过总叶面积的 50%，少数小穗受害，病小穗率不超过 5%；

4 级：叶及叶鞘上有较多病斑，病斑面积不超过总叶面积的 75%，穗部畸形，少数小穗受害，病小穗率不超过 10%，病株矮化，但未枯死；

5 级：病株死亡；病株叶及叶鞘病斑多，病斑面积占总叶面积的 75% 以上，穗抽不出或抽出白穗，病株矮化。

2. 抗病性评价

大麦条纹病抗病性类型及划分标准见表 4。

表 4　大麦条纹病抗病性类型及划分标准（参考 NY/T 3060.1—2016）

抗病类型	平均严重度
免疫型（IM）	0
高度抗病型（HR）	$0 \leqslant \bar{S} < 0.1$
中度抗病型（MR）	$0.1 \leqslant \bar{S} < 0.2$
中度感病型（MS）	$0.2 \leqslant \bar{S} < 0.3$
高度感病型（HS）	$0.3 \leqslant \bar{S}$

参考文献

曹远林，1995. 大麦条纹病的初侵染和再侵染的研究 ［J］. 甘肃农业大学报，
　　3：23－267.

郭玉人，2014. 植保员手册 ［M］.5 版 . 上海：上海科学技术出版社 .

蒋耀培，唐国来，武向文，2010. 上海地区小麦光腥黑穗病和大麦条纹病发
　　生原因与综防探讨 ［J］. 现代农业科技（2）：196－197.

吴宽然，杨建明，朱靖环，等，2013. 大麦条纹病抗性及防治研究进展 ［J］.
　　浙江农业学报，25（4）：903－907.

杨瑞，2010. 大麦条纹病病原生物学及药剂防治研究 ［D］. 兰州：甘肃农业大学 .

中华人民共和国农业部，2017. NY/T 3060.1—2016　大麦品种抗病性鉴定技
　　术规程 第 1 部分：抗条纹病 ［S］. 北京：中国农业出版社 .

麦　蚜

危害麦类作物的蚜虫主要有麦二叉蚜、麦长管蚜、禾谷缢管蚜、玉米蚜等4种，均属同翅目蚜科。上海地区4种蚜虫在麦田常混合发生危害。苗期以麦二叉蚜、禾谷缢管蚜危害较重，拔节抽穗期以禾谷缢管蚜、麦长管蚜危害较重。玉米蚜常在局部田块造成严重危害。

一、预测依据

1. 虫源及发生规律

麦蚜在麦田中的发生情况，常是先发生在早播麦田，后发生在晚播麦田；先旱田，后水田；先田边（包括宅基地边麦田），后田中。几种蚜虫在麦田中的活动习性各有不同。

麦长管蚜分散在麦田下部叶片和叶鞘上过冬，冬季基本上停止繁殖。第二年2月下旬到3月初开始活动，在7~8℃时，从产下若蚜到出现成蚜约需24 d，20~22℃时繁殖最快。如果3、4月间气温较高、雨水偏多，就会大量发生。一般年份多在三麦（大麦、小麦、荞麦）抽穗灌浆期危害麦穗。除三麦外，还危害玉米等作物，在看麦娘、狗牙根、画眉草、马唐等杂草上也有发生。

禾谷缢管蚜于秋季危害麦苗，冬季群集在土缝内或近地面处的麦苗根部和叶鞘上过冬，一般在冬季仍能继续繁殖危害。春季有相当一段时间，在麦株下部繁殖危害，抽穗后，迁移到麦株上部和麦穗上繁殖危害。除三麦外，还危害玉米、高粱等作物，在狗尾草等杂草上也有发生。

玉米蚜群集在麦苗心叶内过冬，一般在冬季仍能繁殖危害。春季随麦株生长逐步上移，孕穗时，群集在剑叶叶鞘上危害，并排泄大量蜜液。危害的作物和寄生的杂草除和麦长管蚜相同外，还可在稗草和狗尾草上找到。

麦二叉蚜主要以卵过冬，散产在麦苗的枯黄叶片上，少数产在土块和枯草上。从 11 月下旬起，可以延续产卵到第二年 1 月中下旬，每处产卵 1～4 粒，初产时黄绿色后变深绿色，最后变黑色。少数也可以无翅成蚜在麦株下部的叶片上过冬。第二年 3 月上中旬过冬卵孵化，但繁殖数量没有其他两种多，危害也轻。

5 月中下旬天气渐热，麦蚜发生数量逐渐减少。麦子乳熟期间，即产生有翅成蚜飞离麦田，转移到其他禾本科植物上生活和繁殖。

2. 气候条件

麦蚜种类不同，对温湿度要求各异。麦二叉蚜抗低温能力最强，其卵在旬平均气温 3 ℃左右开始发育，5 ℃左右孵化，13 ℃可产生有翅蚜。胎生雌蚜在 5 ℃时就可以发育和大量繁殖。最适温区是 15～22 ℃，温度超过 33 ℃则生育受阻。麦长管蚜适温范围为 12～20 ℃，不耐高温和低温，在 7 月份 26 ℃等温线以南的地区不能越夏。禾谷缢管蚜在湿度适宜的情况下，30 ℃左右发育最快，但不太耐低温，在 1 月份平均温度为－2 ℃的地区不能越冬。

在湿度方面，麦二叉蚜最喜干燥，适宜的相对湿度为 35％～67％，大发生地区都分布在降水量 250～500 mm 以下的地带。麦长管蚜耐湿范围略广，相对湿度为 40％～70％，适宜发生区年降水量 500～750 mm，或年降水量虽超过 1000 mm，但小麦生育阶段降水量较少时亦能成灾。禾谷缢管蚜既怕潮湿又不耐干旱，在年降水量 250 mm 以下地区不致严重发生。

通常，冬暖、春旱麦蚜有猖獗可能。主要是冬暖延长麦蚜繁殖时间，增加了越冬基数。春旱提早了麦蚜的活动期，增加了繁殖机会，可为穗蚜发生累积更多的虫源。就湿度而言，春季持续干旱，是几种麦蚜发生猖獗的一个重要条件；风雨的冲刷常使蚜量显著下降，并能洗刷麦株上蚜虫产生的蜜露。

此外，降雨除直接影响大气湿度而间接影响蚜量消长外，暴风雨还对麦蚜有直接杀伤作用，如损伤蚜虫口器、淹溺及泥土粘连，致使蚜虫死亡。暴风雨的杀伤作用强度因蚜虫种类和虫期不同而异。麦长管蚜因多分布在植株上部和叶片正面，且易受惊动，故风雨影响较突出；禾谷缢管蚜生活习性正相反，因而受影响较小。低龄若蚜口针嫩弱，且逃逸能力较成虫差，故受风雨影响大；有翅成蚜易被泥水粘连，而易受雨水影响。

3. 寄主营养条件

麦蚜发生消长与小麦生育期（即寄主营养条件）关系密切。苗期因营养和温度不适，蚜量较低，危害轻；春季小麦返青后，随着温度的升高和寄主营养条件的改善，麦蚜种群密度逐渐增加；小麦抽穗扬花后，田间蚜量急增，至灌浆期麦蚜各种群达到最高峰，也是麦蚜危害最严重时期；小麦乳熟期开始，寄主营养条件恶化，麦蚜密度也随之下降。小麦长势好的麦田蚜虫发生早且重。

4. 栽培管理

栽培制度或作物布局的变化，影响麦蚜危害的轻重。例如，西北单纯春麦区，麦蚜在禾本科杂草上越冬，翌春孵化后即在越冬寄主上繁殖，春麦出苗后才迁入麦田危害，麦蚜危害和病毒病流行都受到限制。扩种冬小麦后，形成混种区，麦蚜由夏寄主迁入秋苗上危害，并传播病毒，成为建立越冬种群和发病中心的基地。翌年春麦播种出苗后，麦蚜再由冬麦田迁入春麦田。由于小麦苗期最易感染病毒病，因此常造成春麦黄矮病的大流行而严重减产。再如，南方麦区扩大夏秋玉米面积，有利禾谷缢管蚜从夏寄主向秋播麦苗上过渡，增加越冬基数，因而使之危害加重。

同一地区不同田块间麦蚜种群数量变动、危害轻重程度，常与小麦播种期、施肥、灌水等栽培条件以及小麦品种密切相关。一般秋季早播麦田，蚜虫迁入繁殖早、越冬基数大，危害重；春季，则晚播麦田蚜量多于早播麦田；水浇田蚜量多于旱田；晚熟品种穗期受害比早熟品种重。麦二叉蚜在缺氮素营养的田块危害重，而麦长管蚜和禾谷缢管蚜在肥田、通风不良的麦田发生较重。品种受害程度取决于叶色、小穗间隙大小和有芒无芒，一般有芒的受害重。

二、调查内容和方法

1. 系统调查

选择当地肥水条件好、生长均匀一致的早播麦田 2～3 块作为系统观测田，每块田面积不少于（2×667）m²。小麦返青拔节期至乳熟期止，开始每 5 d 调查 1 次，当日增蚜量超过 300 头时，每 3 d 调查 1 次。

采用单对角线五点取样，每点固定 50 株，当百株蚜量超过 500 头时，每点可减少至 20 株。调查有蚜株数、蚜虫种类及其数量，记录结果并汇入小麦蚜虫系统调查表（表1）。

表1　小麦蚜虫系统调查表

调查日期（月/日）	田块类型	生育期	调查株数	有蚜株数	有蚜株率（%）	蚜虫种类及其数量（头）						百株蚜量（头）	备注
						麦长管蚜		麦二叉蚜		禾谷缢管蚜			
						有翅	无翅	有翅	无翅	有翅	无翅		

注：田块类型指早、中、晚播田。

2. 大田普查

根据当地的栽培情况，选择有代表性的麦田 10 块以上。在小麦秧苗期、拔节期、孕穗期、抽穗扬花期、灌浆期进行 5 次普查。同一地区每年调查时间应大致相同。

每块田单对角线五点取样，秧苗期和拔节期每点调查 50 株，孕穗期、抽穗扬花期和灌浆期每点调查 20 株，调查有蚜株数和有翅、无翅蚜量，记录结果并汇入小麦蚜虫大田普查表（表2）。

表2 小麦蚜虫大田普查表

调查日期（月／日）	调查地点	代表面积（m²）	品种	生育期	调查株数	有蚜株数	有蚜株率（%）	蚜虫数量（头）			百株蚜量（头）	备注
								有翅	无翅	合计		

3. 天敌调查

在每次系统调查小麦蚜虫的同时，进行其天敌种类和数量调查。寄生性天敌以僵蚜表示。僵蚜取样点和取样方法与蚜虫相同，每次查完后抹掉；瓢虫类、食蚜蝇幼虫和蜘蛛类随机取5个点，每点调查0.5 m²，用目测、拍打的方法调查。将调查天敌的数量分别折算成百株天敌单位，记录结果并汇入小麦蚜虫天敌调查表（表3）。

表3 小麦蚜虫天敌调查表

调查日期（月／日）	调查地点	调查株数	天敌种类及其数量（头）										折百株天敌单位（个）	备注
			七星瓢虫	异色瓢虫	多异瓢虫	龟纹瓢虫	黑襟毛瓢虫	十三星瓢虫	食蚜蝇幼虫	草蛉幼虫	草间小黑蛛	拟环纹狼蛛	寄生性天敌		

注：参照下列标准将天敌折算成天敌单位。

①异色瓢虫、七星瓢虫、十三星瓢虫等食蚜量大的成、幼虫，都以1个虫体作为1个天敌单位；

②草蛉、食蚜蝇幼虫及食量大的草间小黑蛛、环纹狼蛛，以2个虫体作为1个天敌单位；

③龟纹瓢虫成、幼虫，黑襟毛瓢虫等一般食量的瓢虫，以4个虫体作为1个天敌单位；

④受寄生蜂所寄生的蚜虫，以120头作为1个天敌单位。

三、测报方法

1. 经验预测

麦蚜的发生消长主要受温度、湿度、天敌以及小麦生育期等多种因素影响。通常在冬暖、春旱的条件下，麦蚜有猖獗发生的可能。春季干旱，麦二叉蚜发生重；春季雨水多，对麦长管蚜发生有利。

小麦抽穗后，温湿度适宜时，麦蚜繁殖极为迅速，乳熟期造成损失最大。当百株蚜量超过 300 头，气象预报短期内无中到大雨，应立即发出防治警报。3 d 后调查，如蚜量明显上升，百株蚜量超过 500 头，天敌单位与蚜虫比例小于 1∶150，应立即发出防治警报。

2. 模型预测

例 1　某地对连续多年小麦蚜虫发生面积和对应年旬气象资料进行统计分析，建立小麦蚜虫发生面积的预测预报模型。

$$Y = -69.41 + 0.618X_1 + 0.178X_2 + 0.579X_3 + 0.246X_4 + 2.326X_5$$
$$(F = 40.225, \ r = 0.976)$$

式中，Y 为小麦蚜虫发生面积；X_1 为播种当年 3 月中旬平均气温；X_2 为播种当年 9 月中旬降水量；X_3 为播种次年 2 月下旬日照时数；X_4 为播种次年 4 月下旬平均气温；X_5 为播种次年 5 月中旬相对湿度。

例 2　根据小麦蚜虫发生情况和相应气象资料统计分析，建立春季蚜虫发生程度预测模型。

$$Y = 2.815997 + 0.507626X_1 + 0.29875X_2 - 0.02073X_3$$
$$(F = 9.618572, \ r = 0.840407)$$

式中，Y 为当年春季陇南小麦蚜虫发生程度预测等级；X_1 为当年 1 月平均气温；X_2 为当年 2 月平均气温；X_3 为上年 11 月降水量。

四、技术资料

1. 发生程度分级（参考 NY/T 612—2002）

小麦蚜虫发生程度分为 5 级，主要以当地小麦蚜虫发生盛期平均百株蚜量（以麦长管蚜为优势种群）来确定，各级指标见小麦蚜虫发生程度分级指标（表4）。

表4　小麦蚜虫发生程度分级指标

级别 指标	1级	2级	3级	4级	5级
百株蚜量 （头，Y）	$Y \leqslant 500$	$500 < Y \leqslant 1500$	$1500 < Y \leqslant 2500$	$2500 < Y \leqslant 3500$	$Y > 3500$

2. 3种麦蚜形态的主要区别

3种麦蚜形态的主要区别见表5。

表5　3种麦蚜形态的主要区别

类型	特征	麦二叉蚜	麦长管蚜	禾谷缢管蚜
有翅胎生雌蚜	体长（mm）	1.8～2.3	2.4～2.8	1.6
	体色	绿色，腹背中央有深色纵纹	黄绿色，背腹两侧有褐斑4～5个	暗绿色带紫褐色，腹背后方具红色晕斑2个
	触角	比体短，第三节有5～8个感觉孔	比体长，第三节有6～18个感觉孔	比体短，第三节有20～30个感觉孔
	前翅中脉	分二叉	分三叉	分三叉
	腹管	圆锥状，中等长，黑色	管状，很长，黄绿色	近圆筒形，黑色，端部缢缩如瓶颈状
无翅胎生雌蚜	体长（mm）	1.4～2	2.3～2.9	1.7～1.8
	体色	淡绿色至绿色，腹背中央有深绿色纵线	淡绿色或黄绿色，背侧有褐色斑点	浓绿色或紫褐色，腹部后方有红色晕斑
	触角	为体长的一半或稍长	与体等长或超过体长，黑色	仅为体长一半

参考文献

程海霞，王丛梅，帅克杰，等，2010. 山西省晋城市小麦病虫害气象预报模型 [J]. 江苏农业科学（6）：159-163.

洪晓月，2006. 农业昆虫学 [M]. 北京：中国农业出版社.

江苏省植物保护站，2005. 农作物主要病虫害预测预报与防治 [M]. 南京：江苏科学技术出版社.

全国农业技术推广服务中心，2014. 水稻主要病虫害测报与防治技术手册 [M]. 北京：中国农业出版社.

肖志强，陈俊，樊明，等，2009. 陇南山区小麦蚜虫发生气象条件及程度预测模型 [J]. 安徽农业科学，37（33）：16419-16422.

张跃进，2006. 农作物有害生物测报技术手册 [M]. 北京：中国农业出版社.

张左生，1995. 粮油作物病虫鼠害预测预报 [M]. 上海：上海科学技术出版社.

中华人民共和国农业部，2002. NY/T 612—2002　小麦蚜虫测报调查规范 [S]. 北京：中国标准出版社.

黏 虫

　　黏虫属鳞翅目夜蛾科，又称粟夜盗虫、行军虫等，是一种食叶类迁飞性害虫，在上海地区主要危害大麦、小麦。从20世纪50年代末开始，浙南地区曾发生危害早、晚稻的情况；20世纪60年代中期开始，麦类受害日益加重；20世纪70年代，大发生频率高，为当时麦类主要害虫之一；进入20世纪80年代后，上海地区冬小麦面积压缩，北迁虫源大为减少，但少数年份局部田块仍有重发情况。

一、预测依据

1. 虫源及发生规律

　　黏虫在北纬33°以南越冬，上海地区每年发生5～6代，以幼虫和蛹越冬。常年成虫于2月中旬始见，3月下旬出现蛾峰，迟发年3月底4月初出现蛾峰。一般情况下，成虫迁入后的第2～3天卵量开始增加。产卵期较长，但孵化期比较集中，一般在4月10日左右。三、四龄幼虫期一般在4月25日左右。迟发年份在5月上旬。第一代黏虫主要危害大麦、小麦，三龄以前在植株基部，危害轻微；三、四龄为上秆、上叶时期；五、六龄进入暴食期，取食量一般占总取食量的90%左右。第二至六代危害早稻、单季稻和晚稻，以第一代发生量大而危害重，因此为测报和防治的重点。

　　上海市一代黏虫主要来自两广、福建等地，若该地肥水条件好、越冬代黏虫密度高、自然死亡率低、残虫基数高、有效虫源量大，则迁入蛾量就多；反之则少。

2. 天气条件

天气条件除影响成虫迁入外，田间小气候对成虫产卵、卵块孵化、幼虫成活与危害影响很大。

黏虫成虫有顺气流运转的特性，气流方向与气流强弱与迁入蛾量有直接关系，如果南方北上的强气流在上空停留，并伴随着较长时间阴雨天，则落蛾量就大，产卵量也多。在断续北上的弱气流情况下，蛾子在迁飞过程中时停时飞，逐步产卵。因此，有些年份蛾量虽多但产卵却很少，出现蛾多卵少的情况。

黏虫为中温喜湿昆虫，适宜温度为 10～25 ℃，适宜相对湿度 85%。产卵适温为 19～22 ℃，相对湿度 90% 左右。气温低于 15 ℃ 或高于 25 ℃，相对湿度 50% 以下，产卵明显减少。相对湿度低于 40%，一龄幼虫全部死亡。当温度达到 34～35 ℃，幼虫取食少，昏迷直至死亡，老熟幼虫不能化蛹。35 ℃ 条件下蛹可羽化，但成虫不能正常展翅。高于 35 ℃ 不能产卵。湿度增高可提高卵对温度的适应能力。幼虫不耐低湿和高温，低湿和高温死亡率显著提高。在 34～35 ℃ 条件下，若相对湿度较高，发育到三至五龄死亡；在 35 ℃ 条件下，六龄老熟幼虫呈半麻痹状态，失去钻土化蛹能力。在 25 ℃ 恒温条件下，不同相对湿度对老熟幼虫化蛹、蛹的成活、蛹重等均有明显影响，幼虫正常化蛹率及蛹的成活率均与相对湿度呈正相关。

3. 栽培管理

施肥、灌溉及其他田间栽培管理措施对黏虫发生危害的影响显著。主动采取防治措施，直接控制其发生和危害；作物布局调整，间作套种方式也对黏虫的发生有不同的影响；农田灌溉、施肥、密植等生产条件改善，使作物茂盛，农田小气候相对湿度较高，适于黏虫发生；一般作物密植、多肥、长势茂密的田块，田间小气候温湿度都较适宜黏虫的发生，黏虫发生数量多，危害重。

4. 作物环境和食料

作物长势、蜜源作物（主要是油菜）的远近，田间杂草的多少对黏虫的发生有较大影响。相邻油菜田的麦田，易引诱雌蛾产卵，一般卵量多，危害重。田间杂草多少直接影响黏虫上秆、上叶时间和危害程度。杂草的种类对其发育、生长和繁殖也有较大影响，以小麦、鸡脚草和芦苇等禾本科植物饲养的幼虫发育较好，发育速度较快、成活率高、蛹重偏高、成虫期繁殖力强。尤其是用小麦饲喂的幼虫发育最好，而以小蓟、苜蓿等为饲料的幼虫发育较慢。

二、调查内容和方法

1. 成虫调查

从 2 月 15 日开始到 4 月 10 日，采用灯光诱测、糖醋酒液或者性诱剂诱蛾的方法，观察成虫发生时期及消长规律。糖醋酒液诱测可选择盆钵诱测或诱蛾器诱测。

采用糖醋酒液盆钵诱测时，选择不同类型麦田各放置一盆，选择口径 25～35 cm 的盆钵，盆间距不小于 200 m，盆高出麦株 30 cm。采用糖醋酒液诱蛾器诱测时，每站设 2 台，诱测点选择离村庄稍远、比较空旷而具有一定代表性的春花田，诱蛾器底距地面 1 m。2 台诱蛾器的距离应在 500 m 以上，设立后不要轻易移动。逐日分别记载诱捕成虫的性别和数量，记入表 1。盆钵应有盖，晚开晨盖。日期每逢 5 加半料，逢 10 全部更换。

表 1　黏虫糖醋酒液诱蛾记载表

日期（月/日）	天气	总蛾量（头）	第一盆钵（或诱蛾器）（头）			第二盆钵（或诱蛾器）（头）			累计蛾量（头）	备注
			雌	雄	合计	雌	雄	合计		

在成虫盛发期内，每天检查一次雌蛾抱卵量及卵巢发育进度，每次抽查 20 头雌蛾，诱蛾量不到 20 头时，应全部检查，分别记入表 2。

表 2　黏虫雌蛾卵巢发育进度调查表

调查日期 （月/日）	诱蛾方式	检查头数	卵巢发育级别										备注
			1 级		2 级		3 级		4 级		5 级		
			头数	%	头数	%	头数	%	头数	%	头数	%	

2. 草把诱卵

一般在 2 月 20 日开始插草把诱卵，直至 4 月 20 日止。每把 5～10 根稻草对折，折处朝上缚在小竹竿上。设置草把 2 组以上，每组 10 把，选大小麦田各 1 块，沿田埂边每隔 5～10 m 插一把，草把高出麦株。从插的第 1 天起，每 3 d 检查并更换 1 次草把，调查结果记入表 3。

表 3　黏虫草把诱卵记载表

调查日期（月/日）	插把环境	草把数	诱卵块数	累计卵块数	备注

3. 卵块孵化进度

将小草把上摘到的卵块放入指形管内，注明诱得日期和卵块数，束在一起，置于田间麦丛中，或将卵块吊于百叶箱中，每天观察孵化进度，记入表 4。

表 4　黏虫卵孵进度记载表

调查日期 （月/日）	调查环境	观察卵块数	当天孵化		累计孵化		备注
			卵块数	孵化率	卵块数	孵化率	

4. 幼虫密度调查

卵块孵化高峰后 7 d，选择有代表性麦田每隔 2～3 d 调查 1 次，调查时间一般在上午 9 时前或者下午 4 时后进行。幼虫进入三、四龄时进行一次大面积普查。确定防治田块，防治过后，应及时检查防治效果。调查一般用 40 cm×28 cm 白瓷盘，将瓷盘轻轻斜插入麦基部，拍打植株。以棋盘式取样，每块田查 10～20 点，每点 33 cm×33 cm，将幼虫分龄，计算虫口密度，记入表 5。

表 5　黏虫田间幼虫密度调查表

调查日期（月/日）	类型田	取样数	各龄幼虫数						折每 667 m² 虫数	备注
			一龄	二龄	三龄	四龄	五龄	六龄		

5. 天敌调查

于产卵盛期后 1～2 d 及幼虫五龄盛期，分别从田间随机采回卵 20～30 块、幼虫 50 头，在室内单管个体饲育至孵化止。记载天敌种类，计算寄生率，记入表 6。

表 6　黏虫天敌调查记载表

取样日期（月/日）	检查日期（月/日）	作物种类	卵块			幼虫			各种天敌寄生情况			备注
			调查卵块数	寄生卵块数	卵块寄生率（%）	调查虫数	寄生虫数	幼虫寄生率（%）	天敌种类	寄生虫卵块数	占总寄生的比例（%）	

三、测报方法

1. 历期和期距法预测

根据诱测成虫的高峰期或者调查的产卵高峰期、孵化高峰期等预测后面的虫态的发生期。如根据成虫高峰日预测产卵高峰日和幼虫盛孵高峰日。

产卵高峰日＝成虫高峰日＋成虫产卵前期

幼虫盛孵高峰日＝成虫高峰日＋成虫产卵前期＋卵期

其他龄期的预测可依次类推。

例 1　幼虫盛孵高峰日＝4 月 4 日（成虫高峰日）＋3 d（产卵前期）＋14 d（当前温度下的卵期）＝4 月 21 日

不同年份和地区，由于气候条件不同，各虫态历期有所差异，在预测时应予注意。在积累到一定量的数据后，可以统计出常年从蛾盛期或卵盛期到某一龄幼虫盛发期的期距（平均数和标准差），即可作出发生期预报，这种方法也叫期距法。另外，不同温度条件下发育进度也不一样，有数据基础的可以根据这些因子分析，建立预测式。

例 2　对某测报站点的资料进行统计，孵化高峰日至防治日期距为 13～17 d，因此将卵孵高峰日加上不同条件下的期距即可预测防治日期。

2. 经验预测

（1）趋势预测。根据南方的有效虫源基数、发育进度、迁入时的气象条件和作物长势，综合分析预测迁入蛾量趋势。

根据历年黏虫发生情况，分析草把诱卵量、糖醋酒液诱蛾量等与田间幼虫发生关系的密切程度，预测发生量。如根据某一时期卵量调查结果，结合糖醋酒液诱蛾量，参考气象预报和作物长势等有关因素，综合作出预报，指导防治。

（2）防治田块和时间确定。

①查幼虫量，定防治田块。在 4 月中下旬，或者预测的幼虫孵化盛期，普查 2 次。调查在上午 9 时前或者下午 4 时后进行。条播田每块查 3～5 个点，每点查麦行 1 m；散播麦田每块查 5 点，每点查 0.25 m²。凡每 667 m² 有幼虫 10000 头以上的麦田，定为防治田块。

②查幼虫龄期，定防治日期。在调查幼虫数量的同时，抽查部

分田块的幼虫龄期，当二、三龄幼虫占幼虫总数 50％ 左右时，即为防治时期。

3. 模型预测

例 1　利用有效积温与田间发育进度的关系预测。

根据某县病虫测报站 1975—1980 年及测报点 1977—1980 年卵孵高峰与田间幼虫发育进度的调查，利用有效积温公式，建立预测式。

$$N = 41.13/(T - 12.26)$$

式中，N 为卵孵高峰至三龄幼虫期的历期；T 为相隔历期之间的平均温度。

例 2　根据卵量、天气等与发生量的相关性，预测幼虫发生量。

对某测报站的资料进行分析，建立二元回归预测式。

$$Y = 0.6146T_{3\sim4} + 0.2618X - 7.1791$$

式中，Y 为田间虫口密度相对稳定时每 667 m² 的发生量；X 为每只小草把全代累计诱卵块数；$T_{3\sim4}$ 为 3、4 月平均气温。

某市病虫测报站根据 10 年的草把（60 个）诱卵量（X）（2 月 14 日至 4 月 6 日）与大田幼虫发生量（Y）统计分析。

$$Y = 3368.0 + 45.44X$$

用此预测式回验，预测准确率在 83％ 以上。

四、技术资料

1. 黏虫各龄幼虫特征

黏虫各龄幼虫特征见表 7。

2. 发生程度分级

黏虫一至三代在主要寄主上的发生程度分级指标见表 8，一代发生程度（浙江）分级标准见表 9。

3. 发育起点温度

黏虫各虫态发育起点温度和有效积温见表 10。

表 7　黏虫各龄幼虫特征

龄别	平均体长（mm）	平均头宽（mm）	头部花纹	体色与纵线
一龄	3.4	0.3	头部无花纹	初孵幼虫淡黄褐色，虫体中段灰白色，行动似尺蠖，后期灰白色消失，全体为淡黄褐色
二龄	6.4	0.5	头部无花纹	淡黄褐色，两侧各有 4 条褐色纵线和白线，腹足外侧出现一块黑块
三龄	9.4	0.9	头部开始出现网状和"八"字形纹	体灰绿色，体色与一、二龄幼虫完全不同，白色纵线非常明显，以靠近腹足部的一条最宽，腹足外侧有黑斑
四龄	13.9	1.4	头部有明显的网状和"八"字形纹	体色及白色纵线与三龄幼虫相似，靠近腹足基部这一条最宽的白色纵线上出现明显的红褐线，在此线之上为一条较宽的黑色纵线
五龄	23.8	2.3	同四龄幼虫	体色及纵线与四龄幼虫相似，但有两条红褐色纵线，以靠近腹足基部这一条最为明显
六龄	38.0	3.4	同四龄幼虫	红褐色纵线更为清楚，其他特征与五龄幼虫相似，五、六龄幼虫体色变化较大，有灰绿色或黑褐色

表 8　主要寄主上一至三代黏虫发生程度分级指标

发生程度	谷子（头/m²）一至三代	小麦、水稻（头/m²）一至三代	玉米、高粱（头/百株）一至二代（苗期）	玉米、高粱（头/百株）三代（成株期）	参考指标：发生面积比例（%）
轻发生（1 级）	0.1～5.0	0.1～5.0	1.0～5.0	1.0～10.0	<5
偏轻发生（2 级）	5.1～10.0*	5.1～10.0*	5.1～10.0*	10.1～50.0*	>5
中等发生（3 级）	10.1～20.0	10.1～30.0	10.1～30.0	50.1～80.0	>10

（续）

发生程度	谷子 （头/m²）	小麦、水稻 （头/m²）	玉米、高粱 （头/百株）		参考指标： 发生面积比 例（%）
	一至三代	一至三代	一至二代 （苗期）	三代 （成株期）	
偏重发生（4级）	20.1～30.0	30.1～50.0	30.1～50.0	80.1～100.0	＞10
大发生（5级）	＞30.0	＞50.0	＞50.0	＞100.0	＞10

注：* 标记数值为该代次对应作物上的防治指标。

表9　一代黏虫发生程度分级标准（浙江）

项　目	大发生	中等偏重	中等	中等偏轻	轻发生
667 m² 虫量达到万头 面积比例（%）	＞80	60.1～80	40.1～60	20～40	＜20

表10　黏虫各虫态发育起点温度和有效积温

虫态	发育起点温度（℃）	有效积温（℃）
卵	13.1±1.1	45.3
幼虫	7.7±1.3	402.1
蛹	12.6±0.5	121.0
成虫产卵	9.0±0.8	111.0
全生活史	9.6±1.0	685.2

4. 各虫态分龄分级方法（参考 GB/T 15798—2009）

（1）卵巢发育分级方法。

1级：卵未形成，腹腔乳白色；卵管透明，长 3～4 cm，用肉眼辨认不出卵管中分节状，脂肪体多，呈圆形或椭圆形，粒粒饱满，乳白色。

2级：卵粒可辨，腹腔乳白色，卵管白色，长 4～6 cm，卵管内卵粒呈分节状，脂肪体多，呈圆形或椭圆形，乳白色，部分不饱满。

3级：卵已成熟，尚未产卵，腹腔黄白色，卵管白色至黄色，长 7～10 cm，卵粒排列紧密、靠近侧输卵管处，卵粒有堆集重叠现象，脂肪体显著减少，呈半透明或透明状，萎蔫发扁。

4 级：卵已部分产出，腹腔淡黄色，卵管白色至黄色，长 4～10 cm，卵粒排列不紧密，几乎没有乳白色脂肪体。

5 级：卵已产完，仅有少量遗卵，腹腔黄色；卵管暗黄色，萎缩较短，无脂肪体。

凡雌蛾交尾囊内已有精包的，可认定为已交尾个体，囊内无精包的，则为未交尾个体。

（2）幼虫分级方法。

幼虫分级方法见表 11。

表 11　幼虫发育进度龄期分级方法（mm）

项目	1级		2级		3级		4级		5级		6级	
	平均	范围	平均	范围	平均	范围	平均	范围	平均	范围	平均	范围
体长	1.87	1.8～2.2	5.9	5～7.1	9.81	7～12	13.7	10～18	20.8	11～24	29.2	19～35.5
头宽	0.32	0.3～0.4	0.54	0.5～0.65	0.96	0.75～1.05	1.59	1.4～1.76	2.27	2～2.5	3.23	3～3.51

（3）蛹发育分级方法。

1 级：蛹体红褐色，复眼与体色一致，不甚明显；

2 级：复眼变褐至黑色，很明显，体色仍为红褐色；

3 级：蛹体褐至黑色，复眼与体色相同。

5. 各虫态历期与期距

各虫态历期与期距（温州）见表 12，不同温度下黏虫各龄幼虫平均发育天数（北京）见表 13。

6. 糖醋酒液配制方法（参考 GB/T 15798—2009）

糖醋酒液诱剂配制方法：40°～50°白酒 125 mL，水 250 mL，红糖 375 g，食醋 500 mL，90% 晶体敌百虫 3 g。先将红糖和敌百虫称出，用温水融化后，加入醋、酒，拌匀即可为 1 台诱蛾器诱剂全量。

表12　各虫态不同温度下的历期（温州市农科所）

代别	卵历期		幼虫历期		蛹历期		产卵前期		全期
	平均(d)	平均气温(℃)	平均(d)	平均气温(℃)	平均(d)	平均气温(℃)	平均(d)	平均气温(℃)	(d)
一	7.16	19.96	23.31	20.15	14.25	22.29	6.3	22.67	51.02
二	4.47	23.44	17.1	24.22	11.45	27.99	5.0	29.99	38.02
三	3	29.91	16.54	29.53	10.9	29.50	4.9	29.95	35.34
四	3	28.51	15.51	28.73	11.2	28.01	6.2	26.92	35.91
五	3.45	26.34	17.86	23.54	18.26	21.0	5.6	19.12	45.20
六	8.16	16.97	48.6	12.89	64.4	12.27	8.5	10.60	129.66

表13　不同温度下黏虫各龄幼虫平均发育天数（d）（北京）

龄别	15 ℃	18 ℃	20 ℃	25 ℃	30 ℃
一龄	5.09	3.75	3.36	2.43	2.33
二龄	8.85	4.80	3.08	2.04	2.11
三龄	7.10	4.14	3.12	2.29	2.11
四龄	7.30	5.09	4.75	2.63	2.20
五龄	12.38	5.93	5.11	4.04	2.55
六龄	16.08	13.96	10.60	9.50	8.67

注：表中数据为定温测定。

参考文献

洪晓月，2016. 农业昆虫学 [M]. 北京：中国农业出版社 .

姜玉英，2019. 黏虫监测与防治 [J]. 北京：中国农业出版社 .

全国农业技术推广服务中心，2014. 水稻主要病虫害测报与防治技术手册 [M].
　北京：中国农业出版社 .

张跃进，2006. 农作物有害生物测报技术手册 [M]. 北京：中国农业出版社 .

张左生，1995. 粮油作物病虫鼠害预测预报 [M]. 上海：上海科学技术出版社 .

中华人民共和国农业部，2009. GB/T 15798—2009　黏虫测报调查规范 [S].
　北京：中国标准出版社 .

油菜主要病虫害

油菜菌核病

油菜菌核病又称菌核软腐病，在我国各油菜产区都有发生，以长江流域和东南沿海的冬油菜区发生最重。油菜菌核病一般发病率10％～30％，严重时可高达80％，上海郊区油菜菌核病发生普遍，危害严重，影响油菜的产量和质量。油菜从苗期到成熟期都可发病，但主要发生在终花期以后，茎、叶、花瓣和角果均可受害，以茎受害最重，损失也最大。

一、预测依据

1. 菌源及发生规律

油菜菌核病以菌核在土壤中或混在种子中越夏、越冬。在环境适宜时产生菌丝或子囊盘。早春产生的子囊盘散布出来的子囊孢子，是当年初次侵染油菜的主要菌源，菌丝是之后再次侵害的来源。

菌核每年早春和秋季可产生两次子囊盘，秋季产生的数量少，不占重要地位。早春产生的数量多，是侵害油菜的主要菌源。第二年春季子囊盘形成，子囊孢子喷散到空气中，此时正值油菜落花和下部叶片开始衰老的时期，子囊孢子飞散到植株上后（1个子囊盘可以连续放射子囊孢子3～5 d），就伸出芽管，侵入花瓣和老叶。子囊孢子对花瓣和衰老叶片有极强的侵害力，花瓣和老叶感病后，掉落或搭附到茎秆上，茎秆就发病。湿度高时，产生大量菌丝，过密的和倒伏的油菜，病叶垂挂，互相牵连，通过病株和健株间的接触，或同株上病组织和健康组织的接触，蔓延扩展。一般在盛花期叶片开始发病，终花期叶片发病最多，以后再侵害茎秆，发展到上部的叶片和菜荚。

上海市油菜菌核病一般在2月下旬到3月上旬菌核开始发芽，3月中旬出现子囊盘，3月下旬到4月上旬是子囊盘出现盛期。

2. 气候条件

降水量、雨日数、相对湿度、气温、日照等气象因子与病害的发生均有关系，其中影响最大的是温度和湿度。此病发育适宜温度为15～24℃，菌核的萌发或子囊盘的形成，在有光照和温度18～22℃时最为适宜。阴雨连绵，相对湿度在80%以上，对生长、传播最为有利。

油菜早春遭受冻害，抗病力减弱，容易发病。若3～4月遇露大、雾重、雨天多等气候温暖潮湿天气，尤其在油菜谢花盛期，如遇高温多雨天气，则有利菌核萌发，产生子囊盘释放大量子囊孢子，随风传播侵害油菜，流行的风险将大大增加。

3. 品种及栽培条件

不同类型和品种的油菜感病性差异很大，但目前油菜品种中尚无高抗菌核病的品种。

田间郁闭阴湿有利发病。施用氮肥过多，油菜生长柔嫩；田间排水不良，油菜抗病力弱；密植程度高，田间郁闭阴湿等，都有利油菜菌核病的发生发展。这些田块都应作为重点监测对象。

连作田菌核残留量多，中耕培土等工作不及时，有利于病菌生长繁殖。水旱轮作可使菌核死亡。油菜菌核病的菌核在田间一般可存活1年，但经浸水40 d后，就可腐烂而丧失生活力，所以一般水旱轮作的油菜田发病轻。

二、调查内容和方法

1. 子囊盘数量调查

在油菜初花期，选择生长旺盛和一般的油菜田各1块（上茬为旱地或油菜收获地），每块田取30个样点，每个样点调查1 m²，调查点内子囊盘数（包括未成熟的全部子囊盘在内），每隔 3～5 d 调查 1 次。调查记载格式见表 1。

表 1　油菜菌源量普查表

调查日期 （月/日）	地点	类型田	调查面积 （m²）	子囊盘数 （个）	平均子囊盘数 （个/m²）	备注

2. 子囊盘消长调查

在前一年 11 月份，选择排水良好、土壤疏松的旱地油菜田，田中间固定两个点，各 50 cm²。每点均匀埋当年收集的菌核 50 粒于土表下 3 cm 左右深处，每粒菌核相距 3 cm，做好标记。当春季旬平均温度回升到 5 ℃以上后开始调查，到子囊盘消失为止。每隔 5 d 调查 1 次，记载菌核萌发期和子囊盘数，菌核萌发期是以子囊盘柄尖端露出土面，肉眼可见为准。每次调查需分别记载菌核新出现的子囊盘，查后摘除已计数的子囊盘。调查记载格式见表 2。

表 2　子囊盘消长动态调查表

调查日期 （月/日）	地点	类型田	100 粒菌核		菌核萌发率（%）	新出现 子囊盘数	子囊盘 累计数	备注
			菌核新萌发数	菌核累计萌发数				

3. 花朵发病消长调查

选择当地主栽油菜品种，连茬且不同生育期的类型田 2～3 块，自油菜初花期开始，到油菜终花期，每 3 d 一次，每块田每次随机采盛开的油菜花 50～100 朵，经无菌水冲洗后，置于培养皿内（盘底铺湿布，盘内放玻璃棒几根，将花整齐斜靠于玻璃棒上，盘上盖好玻璃），在 23 ℃±1 ℃的恒温箱内，保湿培养 48 h，调查花朵发病率，以预测子囊孢子释放盛期。调查记载格式见表 3。

表 3 花朵带菌率调查表

采花日期 (月/日)	地点	样本数量	观察日期 (月/日)	带菌数	带菌率 (%)	天气状况	备注

注：子囊盘调查和花朵带菌调查，各测报点根据历史资料可选择一项。

4. 大田发病定点调查

选择当地主栽油菜品种，根据长势和茬口，选择 2～3 块类型田，每块田五点取样，每点选择沟边第二行开始往里连续 10 株，共调查 50 株，每 5 d 调查一次，叶发病调查从 3 月开始，记载叶发病株数，计算叶病株率；当田间出现茎发病，并且茎病株率达 10％以上时，只调查茎病株及其严重度，一直至大田最后一次普查前，计算茎病株率、病情指数。调查记载格式见表 4。

表 4 油菜菌核病调查记载表

调查日期 (月/日)	地点	类型田	品种	调查株数	叶病株数	叶病株率 (%)	茎病株数	茎病株率 (%)	各级病株数					病情指数	备注
									1级	2级	3级	4级	5级		

5. 大田发病普查

在油菜初花期、盛花期及收获前一周，调查不同类型田和不同防治情况的田块至少 10 块，每块田五点取样，每点查 10 株，共 50 株，计算茎病株率、病情指数。调查记载格式见表 5。

表 5 油菜菌核病普查记载表

调查日期 (月/日)	地点	类型田	油菜品种	调查株数	茎病株数	茎病株率 (%)	各级病株数					病情指数	备注
							1级	2级	3级	4级	5级		

三、测报方法

1. 经验预测

(1) 趋势预测。 根据短期天气预报、子囊盘盛发期早晚、花瓣带菌率高低、叶病株和茎病株增长速率，及花荚期雨日、降水量、油菜开花情况等，综合分析预测病害发生趋势。

油菜盛花期与子囊盘萌发盛期吻合度高，花瓣带菌率超过60%，叶病株长势旺的年份，油菜花荚期降水量（或雨日数）多，特别是油菜成熟前 20 d 内降水量偏多且时段分布均匀，则当年病害偏重发生，反之则轻。

根据上海市 1990—1999 年 10 年间油菜菌核病病情与气象资料分析，引起茎秆发病的外界主导因素是结荚期（4 月下旬至 5 月中旬）的降雨情况，其中 5 月上中旬的降雨，尤其是降水量对发病的影响最大，其次是雨日，大致关系见表 6。

表 6　上海地区油菜菌核病发生的关键影响因子

5月上、中旬两旬降水量（mm）	5月上中旬两旬雨日数（d）	发生程度
>100	>10	大发生
61～100	7～10	偏重发生
30～60	4～6	中等发生
<30		偏轻至轻发生

注：若 5 月上中旬降水量和雨日数符合中等发生的天气条件，如花期集中降水较多，也可达偏重发生。

(2) 防治日期和田块确定。 根据轮作、品种、长势、地势等情况，选择重点检查田 2～3 块，从始花期起，每隔 3～5 d 检查一次。当茎基部和近地面的老黄叶上出现初期病斑时，进行大田普查。

普查时，先排苗情，以密植、多肥、生长旺盛的油菜田为重点，检查茎基部和近土面的老黄叶上病斑发生情况，共查 2～3 次，每次隔 3～5 d，每块查 5 个点，每点查 10～20 株，共查 50～100 株。当老黄叶上出现病斑的植株占 5%～10% 及以上时，摘除老黄叶并用药防治。

2. 模型预测

根据上年 12 月的降水量和当地 2～4 月的降水量预报和油菜长势，以及田间菌源情况等，对照常年及病害流行年的情况，进行比较分析，主要栽培品种长势旺，预计降水量、雨日超过常年水平，田间子囊盘数量明显高于常年，则病害较重。

各地可结合本地实测资料选择关键影响因子，进行回归分析，建立病害预测模型。

例 1 根据 1980—2010 年 2～4 月各旬气象因子（气温、日照、雨日数和降水量）与病株率、发病程度间的相关系数，采用逐步回归方法，作出预测模型关系式。

根据降水量得模型（1）（2）。

（1） $Y_1 = -6.12637 + 0.20120X_3 + 0.11782X_4$ （$r=0.81254$）

（2） $Y_2 = 0.23121 + 0.02295X_3 + 0.01338X_4$ （$r=0.8659$）

式中，X_3 为 3 月下旬降水量；X_4 为 4 月上旬降水量；Y_1 为稳定期病株率；Y_2 为发病程度（级）。

根据气温、日照等复合因子得出预测模型（3）（4）。

（3） $Y_1 = -18.1577 + 1.9650X_2 + 0.1987X_3 + 1.2131X_5$ （$r=0.8637$）

（4） $Y_2 = -1.6743 + 0.1807X_2 + 0.0234X_3 + 0.0939X_5 + 0.0997X_6$ （$r=0.9021$）

式中，Y_1 为稳定期病株率；Y_2 为发病程度（级）；X_2 为 4 月上旬雨日数；X_3 为 3 月下旬降水量；X_5 为 3 月上旬平均每天日照时数；X_6 为 3 月中旬平均气温。

例 2 根据通州市 1990—1999 年油菜菌核病的病情指数与子囊盘数量、4～5 月份平均温度、湿度、累计雨日数、降水量的多因子逐步回归分析，选择关键因子，作出预测模型关系式。

$$y = -33.667 + 7.366x_1 - 0.999x_2 \quad (r=0.9624)$$

式中，y 为病情指数；x_1 为 4～5 月累计雨日数；x_2 为 4～5 月累计降水量。

四、技术资料

1. 油菜菌核病严重度分级标准（参考 NY/T 2038—2011）

0 级：无病；

1 级：油菜植株 1/3 以下分枝数发病，或主茎病斑长度不超过 3 cm；

2 级：油菜植株 1/3～2/3 分枝数发病，或发病分枝数在 1/3 以下及主茎病斑长度超过 3 cm；

3 级：油菜植株 2/3 以上分枝数发病或发病分枝数在 2/3 以下及主茎中、下部病斑长度超过 3 cm。

2. 发生程度指标

油菜菌核病发生程度分级指标见表 7，流行程度花朵带菌率数量分级标准（安徽庐江）见表 8。

表 7　油菜菌核病发生程度分级指标（参考 NY/T 2038—2011）

程度	1 级	2 级	3 级	4 级	5 级
茎病株率 (X,%)	1≤X≤10.0	10.0<X≤20.0	20.0<X≤30.0	30.0<X≤40.0	X>40.0
病情指数 (I)	0.5≤I≤5.0	5.0<I≤10.0	10.0<I≤15.0	15.0<I≤20.0	I>20.0

表 8　油菜菌核病流行程度花朵带菌率数量分级标准（安徽庐江）

发生级别		盛花初期花朵带菌率（%）	盛花期花朵带菌率（%）
1 级	轻发生	<25	<35
2 级	偏轻发生	25～45	35～55
3 级	中等发生	45.1～65	55.1～75
4 级	偏重发生	65.1～85	75.1～95
5 级	大发生	>85	>95

参考文献

郭玉人，2014. 植保员手册 [M].5 版. 上海：上海科学技术出版社.

孙俊铭，韦刚，张启高，等，2007. 油菜菌核病花朵带菌率与流行程度关系研究及其在测报上的应用 [J]. 安徽农学通报，13（8）：137 - 138.

张跃进，2006. 农作物有害生物测报技术手册 [M]. 北京：中国农业出版社.

中华人民共和国农业部种植业管理司，2011. NY/T 2038－2011　油菜菌核病测报技术规范 [S]. 北京：中国农业出版社.

朱金良，陈跃，钟雪明，等，2012. 油菜菌核病发生流行与气象因素关系及预测模型研究 [J]. 中国农学通报，28（25）：234 - 238.

油 菜 霜 霉 病

油菜霜霉病是我国各油菜产区的重要病害，长江流域、东南沿海受害重，春油菜区发病少且轻。该病在上海郊区发生普遍，但近几年危害较轻。油菜霜霉病自油菜苗期到开花结荚期都有发生，主要危害叶、茎、花和角果，花梗受害后变肥肿，形成"龙头拐杖"，影响菜籽的产量和质量。

一、预测依据

1. 菌源及发生规律

病菌以菌丝和卵孢子在土壤中和病残体上越夏、越冬。油菜出苗以后，卵孢子随风雨传播到油菜叶片，发芽后从气孔或幼茎、表皮侵入，菌丝向上扩展进入子叶和第一片真叶，但不能进入第二片真叶。侵入后，当温湿度条件适宜时在病部组织上产生大量的孢囊梗和孢子囊。孢子囊借风雨传播侵染引起发病和病害的蔓延。

2. 天气条件

气温 8～12 ℃时有利于卵孢子的形成和萌发，侵入适宜温度是16 ℃，菌丝在寄主体内生长适温为 20～24 ℃。高湿有利于病菌的生长和萌发。长江流域春季时寒时暖、阴雨日多、露水重、天气忽晴忽雨、昼夜温差大，有利于病害流行。

3. 品种抗病性

不同类型和品种的油菜抗病性差异显著，在现有的油菜品种中，一般认为甘蓝型油菜较抗病，芥菜型油菜次之，白菜型最易发病，可选择适合当地种植的抗病高产品种。

4. 栽培管理

油菜连作，播种早、偏施过施氮肥或缺钾地块及密度大、田间湿气滞留，地势低洼，土壤黏重、排水不良时，发病较重。

二、调查内容和方法

1. 中心病株调查

从真叶出现开始至定棵前，选择早播、感病品种和田间湿度大的易发田 5 块，每 5 d 调查一次，每块田按五点取样法，每点随机选 25 株。调查病株数，计算病株率。调查记载格式见表 1。

表 1　油菜霜霉病中心病株调查表

调查日期 （月/日）	地点	品种	播期 （月/日）	中心病株出现日期 （月/日）	调查 株数	发病 株数	病株率 （%）	备注

2. 系统调查

从 2 月底 3 月初开始，选择不同播期本地主栽品种调查 3 块田，每 5 d 调查一次，每块田对角线五点取样，每点定连续的 10 株，调查病株数和发病严重度。调查记载格式见表 2。

表 2　油菜霜霉病系统调查记载表

调查日期 （月/日）	地点	品种	播期 （月/日）	调查 株数	严重度分级					病株率 （%）	病情 指数	备注
					0级	1级	2级	3级	4级			

3. 大田普查

大田发病基本达到最高峰或者稳定后（一般上海地区在 4 月中旬左右）选择不同区域、不同播期 10 块田，每块田随机取 3 点，每点 20 株，调查发病田块数、发病株数和发病严重度，计算病田率、病株率和病情指数。调查记载格式见表 3。

表3 油菜霜霉病普查记载表

调查日期（月/日）	地点	品种	播期（月/日）	调查田块数	发病田块数	病田率（%）	调查株数	发病株数	病株率（%）	病情指数	备注

三、测报方法

1. 发生趋势预测

长江流域油菜区冬季气温低、雨水少，发病轻，春季气温上升、雨水多、田间湿度大，易发病。如田间病情加快发展时遇阴雨天气，温度在16~20 ℃，昼夜温差大，播种早、偏施过施氮肥或缺钾地块及密度大、田间排水不良等，应及时发出预报，以指导防治，控制病害流行。

根据病情系统调查，在各主栽茬口、主栽品种株发病率2%~3%的初始发生期时，汇总当前病情的发生基数、中长期天气预报对下阶段病情发生的影响等综合因素，分析发生动态，做出发生趋势预测。

田间从少数中心病株向四周蔓延，形成发病中心，而后病情发展加快。田间发现中心病株时及时发出预报，以引起注意。

2. 防治适期和对象田确定

查见霜霉病中心病株后5~7 d，叶背出现霜霉层或空中孢子捕捉数量急剧上升时，未来天气转阴或有重雾、露、雨等适宜发病条件时为防治适期。进入生长中后期前，田间株发病率3%以上的各类型大田为防治对象田。

四、技术资料

1. 严重度分级标准（参考 GB/T23392.1—2009）

0级：植株无病；

1 级：植株发病叶数占全株展叶数的 1/4 以下；

2 级：植株发病叶数占全株展叶数的 1/4～1/2；

3 级：植株发病叶数占全株展叶数的 1/2～3/4；

4 级：植株发病叶数占全株展叶数的 3/4 以上。

2. 发生程度指标（参考 GB/T 23392.1—2009）

油菜霜霉病发生程度指标见表 4。

表 4　油菜霜霉病发生程度指标

指标	1 级	2 级	3 级	4 级	5 级
病情指数（I）	$I{\leqslant}5$	$5{<}I{\leqslant}10$	$10{<}I{\leqslant}20$	$20{<}I{\leqslant}45$	$I{>}45$

参考文献

郭玉人，2014. 植保员手册 [M].5 版. 上海：上海科学技术出版社.

李荣峰，徐秉良，梁巧兰，等，2012. 甘肃省白菜型冬油菜霜霉病发生规律 [J]. 中国油料作物学报，34（4）：413-418.

中华人民共和国农业部，2009. GB/T 23392.1—2009　十字花科蔬菜病虫害测报技术规范 [S]. 北京：中国标准出版社.

油菜蚜虫与病毒病

油菜蚜虫与病毒病在我国各油菜产区均有发生，长江流域的冬油菜区发生普遍。上海市油菜蚜虫主要有萝卜蚜、桃蚜，在油菜整个生育期均有发生，危害时以成蚜和若蚜吸食植株内的汁液，一般在心叶和叶背面群集危害，可导致叶片发黄萎缩、生长停滞，严重时可造成油菜枯萎死亡，同时蚜虫通过在病株和健康植株之间转移危害传播病毒病。

油菜病毒病又称花叶病、缩叶病，主要以有翅成蚜迁飞传毒。油菜病毒病的病原主要有四种：芜菁花叶病毒、黄瓜花叶病毒、烟草花叶病毒和油菜花叶病毒，其中又以芜菁花叶病毒占绝大多数。病毒病从苗期到角果期均能发病，严重发生时对产量影响很大，同时使菜籽含油量降低。

一、预测依据

1. 发生规律

萝卜蚜主要在油菜和其他十字花科蔬菜上转移危害。桃蚜除危害油菜和其他十字花科蔬菜外，还危害马铃薯、烟草、茄子、菠菜、大豆和桃、李等作物。在长江中下游1年发生20多代，世代重叠，寄主较多，生活周期比较复杂。油菜蚜虫有两个危害高峰期，秋季苗期与翌年春季角果发育期，特别是秋季苗期危害最为严重。

有翅蚜先在早秋十字花科作物上危害，9月下旬至11月上旬迁入油菜秧苗上繁殖危害，传播病毒病，油菜3～6叶期为病毒病感病生育期。因此，9月份有翅成蚜迁飞数量大，油菜苗期蚜虫发生程度重，成株期病毒病就可能流行；反之，则发生轻。

2. 天气条件

油菜蚜虫的发生和危害受气温和降雨的影响大。其适宜温度为14～26 ℃，相对湿度 50%～80%。无雨或少雨，天气干燥，极适于蚜虫繁殖、危害，如秋季和春季天气干旱，往往能引起蚜虫大发生；反之，阴湿天气多，蚜虫的繁殖则受到抑制，发生危害则较轻。

油菜病毒病发病程度主要受蚜虫的迁飞量、气温、降水量等影响。苗期气温在 15～25 ℃，降水量明显少于常年，其发病程度重于常年，反之则较轻。

3. 品种与栽培管理

对于病毒病，品种之间抗病程度差异很大，一般甘蓝型品种比白菜型品种抗病。

播种、移栽期迟早与发病轻重有较大的关系。一般认为油菜播种早发病重，迟播发病轻，直播田比移栽田播种期迟，发病较轻。毒源作物十字花科蔬菜病毒病发病率高，种植面积大的年份油菜病毒病发病较重，反之较轻。油菜苗床距离毒源作物近的发病重，距离远的则轻。

二、调查内容和方法

1. 毒源作物蚜虫发生程度调查

从油菜播种时开始，选择 3～5 块当地主要十字花科蔬菜地，每10 d 调查 1 次，共查 3～4 次。每块田五点取样，每点 5 株，共查 25 株。记载有蚜株数，计算有蚜株率。其中每点查 1 株，共 5 株，记载有翅、无翅蚜虫数，推算百株蚜量。调查记载格式见表1。

表1　毒源作物蚜虫发生程度调查表

调查日期（月/日）	地点	品种	调查株数	有蚜株数	有蚜株率（%）	蚜量		
						有翅蚜（头/株）	无翅蚜（头/株）	平均百株蚜量（头）

2. 毒源作物发病情况调查

在油菜播种前（约9月中旬）及油菜苗期选择10块当地早播的十字花科蔬菜地，各调查1次。每块田五点取样，每点10株，共查50株，记载发病株数，计算发病株率。调查记载格式见表2。

表2 毒源作物发病程度调查表

调查日期（月/日）	地点	离油菜田距离（m）	作物名称	生育期	调查株数	病株数	发病株率（%）	备注

3. 蚜虫定点调查

从秋季油菜苗期开始至抽薹现蕾期，固定有代表性的3块田，每5 d调查一次，每块田固定5点，每点10株，共50株。记载有蚜株数，计算有蚜株率。每点固定2株，共10株，分别记载有翅蚜和无翅蚜数量，计算百株蚜量。调查记载格式见表3。

表3 油菜蚜虫发生程度调查表

调查日期（月/日）	地点	调查株数	有蚜株数	有蚜株率（%）	蚜量		
					有翅蚜（头/株）	无翅蚜（头/株）	平均百株蚜量（头）

从始花期至成熟期前7 d，在原3块田内已固定的10株上，每5 d调查一次。检查油菜主轴及第一次分枝上蚜虫发生情况，记载有蚜枝数及每枝蚜虫发生的严重度，计算有蚜枝率和蚜情指数。调查记载格式见表4。

表4 油菜蚜虫消长记载表

调查日期（月/日）	地点	调查枝数	有蚜枝率（%）	各级严重度数量（枝）				百株蚜量（头）	蚜情指数	备注
				1级	2级	3级	4级			

4. 蚜虫普查

分别在油菜苗期、抽薹现蕾期、开花结荚期开展 3 次普查。当定点调查田蚜量迅速上升时，开始进行普查，选择有代表性田块 10 块，调查方法同系统调查，记载有蚜株数、蚜量。调查记载格式见表 5。

表 5　油菜蚜虫大田普查记载表

调查日期 （月/日）	地点	油菜 类型	生育期	调查 株数	有蚜 株数	有蚜株率 （%）	调查蚜量 （头）	百株蚜量 （头）	备注

5. 病毒病普查

病毒病分两次进行普查，分别在苗期（冬油菜区一般在 12 月上中旬，春油菜区在现蕾抽薹前）和结荚期调查。根据当地油菜品种、播期，选择有代表性的油菜田 10 块以上，每块田调查 100 株，记载发病株数和病级数，计算发病株率和病情指数。调查记载格式见表 6。

表 6　油菜病毒病普查记载表

调查日期 （月/日）	地点	品种	生育期	播种期	调查 株数	各病级株数			病株数	发病株率 （%）	病情指数	备注
						1级	2级	3级				

三、测报方法

1. 经验预测

（1）趋势预测。 根据调查结果，当油菜苗期平均百株蚜量达到 500 头、抽薹现蕾期百株蚜量达到 1000 头，即预示危害盛期来临。当油菜出苗至 5 叶期，有蚜株率达到 30% 时，5 叶期到抽薹阶段有蚜株率达到 60% 时，开花结角期有蚜株率达到 10% 时，如日均温在 14 ℃以上，7 d 内无中等以上降雨，预示蚜量将迅速上升。

一般秋季毒源作物上蚜虫发生量大、发病率高、种植面积大的年份，油菜苗期气温 15～25 ℃再加上 9、10 月份干旱少雨，油菜病毒病将偏重发生，反之则较轻。一般认为油菜播种早发病重，迟播发病轻；直播田比移栽田播种期迟，发病较轻。

（2）防治田块和时间确定。

①苗床期。查叶背蚜虫数，定防治田块和防治日期。秋季从油菜出苗时起，固定苗床一块，每 2～3 d 查一次，每块查 5 点，随菜秧大小，每点查 10～20 株，共查 50～100 株。当 10% 的菜秧发生菜蚜，平均每株有有翅蚜或无翅蚜 1～2 头，即为防治适期。

②过冬期。查菜心和贴地叶背蚜虫数，定防治田块和防治日期。12 月到第二年 1 月间，对苗期治蚜不够彻底的油菜田，检查一次菜心内和贴近土面叶背的蚜虫数，每块查 5 点，每点查 5～10 株，共查 25～50 株，当 5% 的菜株有蚜时，为防治适期。

③抽薹期。查花蕾蚜虫数，定防治田块和防治时期。早春 3 月底左右，对秋、冬治蚜不够彻底的油菜田，当主枝开始孕蕾（抽薹高 10 cm 左右时），检查一次花蕾上的菜蚜数，每块查 5 点，每点查 5～10 株，共查 25～50 株。当 5% 的菜株有菜蚜时，为防治适期。

2. 模型预测

利用天气与蚜虫发生程度的相关性，根据虫源基数、天气因子以及有翅成虫迁飞量等，建立预测模型预测蚜虫发生程度。

例 1 对连续多年上年夏季 6～8 月天气、9 月份有翅成虫迁飞量及油菜蚜虫发生程度分析，作出相关预测模型。

夏季气温（最高温度≥33 ℃）与发生程度成负相关关系：

$$y=6.9233-0.23x \quad (r=-0.9751)$$

9 月有翅成虫迁飞量与发生程度成正相关关系：

$$y=0.0192x-0.1422 \quad (r=0.9337)$$

发生程度和夏季气温及 9 月有翅成虫迁飞量的关系：

$$Y=4.5219-0.1858(Ta)+0.0077(X) \quad (r=0.9994)$$

式中，Y 为蚜虫发生等级；Ta 为夏季 6～8 月日最高温度≥33℃的日数；X 为秋季 9 月份有翅成虫迁飞量。

利用油菜的抗病性及天气建立模型预测病毒病发生程度。

例 2 对连续多年油菜播种期以及天气等资料进行分析，建立预测模型。

$$Y = S（40-P）\left[527.927 T_R^{-2.7346} - 0.138668 \log（R-50）+ 0.215897\right] - 0.19$$

式中，Y 为次年油菜发病株率；P 为 9 月 1 日至油菜播种期的天数；T_R 为 6～8 月最高温度≥35℃的日数；R 为 9～10 月总降水量；S 为品种感病指数。

四、技术资料

1. 蚜虫严重度分级标准

以分枝上部 15 cm 范围内蚜虫密集程度分 4 级。

1 级：蚜虫零星可见；

2 级：蚜虫密集的长度占 1/3 以下；

3 级：蚜虫密集的长度占 1/3～2/3；

4 级：蚜虫密集的长度占 2/3 以上。

2. 油菜病毒病分级标准

（1）苗期油菜病毒病分级标准。

0 级：无病症；

1 级：全株 1/3 以下叶片出现明脉、花叶或枯斑等症状，无皱缩，幼苗长势基本正常；

2 级：全株 1/3～2/3 叶片有症状，部分叶片皱缩，幼苗轻度矮缩；

3 级：全株显症，叶片 2/3 以上皱缩，生长停滞，幼苗明显矮小，接近死亡或死亡。

（2）结荚期油菜病毒病分级标准。

0 级：无病症；

1级：植株高度基本正常，叶片轻度发病，1/3以下角果数畸形；

2级：植株轻度矮化，叶片显症较多，茎秆有明显病斑，1/2以下角果畸形；

3级：植株严重矮化，1/2以上角果畸形或不结实，植株接近死亡或死亡。

3. 油菜蚜虫发生程度划分标准

油菜蚜虫发生程度划分标准见表7。

表7　油菜蚜虫发生程度划分标准

发生级别	1级	2级	3级	4级	5级
高峰期平均百株蚜量（苗期）	<500	500～1500	1501～2500	2501～3500	>3500
高峰期平均百株蚜量（抽薹现蕾期）	<1000	1000～3000	3001～5000	5001～7000	>7000
高峰期有蚜枝率（开花结角期）	<15	15～30	31～45	46～60	>60

4. 油菜病毒病发生程度指标（参考 DB33/T 882—2012）

浙江省油菜病毒病发生程度指标见表8。

表8　油菜病毒病发生程度指标（浙江）

程度	1级	2级	3级	4级	5级
株发病率（X,%）	$1 \leqslant X \leqslant 5.0$	$5.0 < X \leqslant 10.0$	$10.0 < X \leqslant 20.0$	$20.0 < X \leqslant 35.0$	$X > 35.0$
发生面积比例（I,%）	$I \leqslant 5.0$	$5.0 < I \leqslant 20.0$	$20.0 < I \leqslant 40.0$	$40.0 < I \leqslant 50.0$	$I > 50.0$

参考文献

郭玉人，2014.植保员手册［M］.5版.上海：上海科学技术出版社.

黄拔山，陈家瑾，1989.太湖流域（太仓）油菜病毒病流行规律与测报方法研究［J］.中国植保导刊（S1）：92-98.

黄拔山，侯全民，陈建生，等，1997.油菜蚜虫流行规律与发生程度预测方法［J］.植保技术与推广，17（3）：9-11.

张跃进，2006.农作物有害生物测报技术手册［M］.北京：中国农业出版社.

浙江省农业厅，2013.DB33/T 882-2012　油菜菌核病和病毒病测报技术规范［S］.杭州：浙江省出版社.

附：相关计算公式

一、病害

1. 病株（叶、穗、茎）率

调查发病株（叶、穗、茎）数占调查总株数的百分率。

$$I = \frac{P}{Z} \times 100\%$$

式中，I 为病株（叶、穗、茎）率；P 为发病株（叶、穗、茎）数；Z 为调查总株（叶、穗、茎）数。

2. 病田率

调查已发病田块数占调查总田块数的百分率。

$$I = \frac{P}{Z} \times 100\%$$

式中，I 为病田率；P 为已发病田块数；Z 为调查总田块数。

3. 严重度

病叶上病斑面积占叶片总面积的百分率，用分级法表示，设 8 级，分别用 1%、5%、10%、20%、40%、60%、80%、100% 表示，对处于等级之间的病情则取其接近值，已发病但严重度低于 1%，按 1% 记。对群体叶片，需按式计算病叶平均严重度。平均严重度的使用，在病害初发期可严格计数计算，当病害处于盛发期且需调查点数繁多时，某点平均严重度则根据目测估计给出（小麦锈病、小麦白粉病、大麦条纹病等）。

$$D = \frac{\sum (i \times l_i)}{L}$$

式中，D 为病叶平均严重度；i 为各严重度值；l_i 为各严重度值对应的病叶数，单位为片；L 为调查总叶数，单位为片。

4. 病情指数

反映整体发生程度的指标，一般有两种计算方法。

(1) 病情指数 $= \dfrac{\sum(\text{各级发病数} \times \text{各级代表值})}{\text{调查总株数} \times \text{最高级代表值}} \times 100$

(2) 病情指数 $=$ 病叶率 $\times$ 病叶平均严重度 $\times 100$

5. 小麦赤霉病子囊壳成熟指数

$$D = \frac{\sum(Y_i \times i)}{Y \times 3} \times 100$$

式中，D 为子囊壳成熟指数；Y_i 为各级子囊壳根数；i 为子囊壳成熟级（1，2，3）；Y 为镜检总根数。

6. 稻瘟病损失率

$$C = \frac{\sum(P_i \times S_i)}{P \times S_M} \times 100\%$$

式中，C 为损失率；P_i 为各级病穗（株、叶）数；S_i 为各级损失率；P 为调查总穗数；S_M 为最高级损失率。

二、虫害

1. 有虫（蚜）株率

$$\text{有虫（蚜）株率} = \frac{\text{有虫（蚜）株数}}{\text{调查总株数}} \times 100\%$$

2. 虫（蚜）情指数

$$\text{虫（蚜）情指数} = \frac{\sum(\text{各级枝数} \times \text{各级代表值})}{\text{调查总枝数} \times \text{最高级代表值}} \times 100$$

3. 带毒率

$$\text{带毒率} = \frac{\text{带毒虫量}}{\text{调查总虫量}} \times 100\%$$

4. 虫口密度

$$\frac{667 \, m^2 \, 虫量}{(以稻丛计算)} = \frac{查得活虫数 \times 每667 \, m^2 \, 田稻丛（或稻根）总数}{调查稻丛（或稻根）数}$$

$$\frac{667 \, m^2 \, 虫量}{(以面积计算)} = \frac{查得总活虫数 \times 667 \, m^2}{调查面积（m^2）}$$

5. 卵块密度

$$\frac{每667 \, m^2 \, 田卵}{块密度（块）} = \frac{查得卵块数 \times 每667 \, m^2 \, 田稻丛总数}{调查面积（m^2）或稻丛数}$$

$$孵化率 = \frac{当天卵块累计孵化数}{当天累计卵块数} \times 100\%$$

6. 螟害率

$$螟害率 = \frac{白穗数或枯心苗数}{总分蘖数或总有效穗数} \times 100\%$$

7. 死亡率

$$死亡率 = \frac{死幼虫数 + 死蛹数}{总虫数} \times 100\%$$

8. 发育进度

（1）各龄幼虫或各级蛹占百分率的计算公式。

$$P_p = \frac{L_p}{Z_p} \times 100\%$$

式中，P_p 为某龄幼虫（或某级蛹）所占百分率；L_p 为某龄幼虫数（或某级蛹数）；Z_p 为剥查活幼虫、蛹和蛹壳总数。

（2）加权发育进度计算公式。

$$P_w = \sum [E_1 \times A_1]$$

式中，P_w 为某龄幼虫（或某级蛹）平均百分率；E_1 为每类型田某龄幼虫（或某级蛹）百分率；A_1 为该类型田代表百分率。

图书在版编目（CIP）数据

稻 麦 油菜主要病虫害预测预报技术／武向文主编．—北京：中国农业出版社，2020. 12
ISBN 978 - 7 - 109 - 27374 - 0

Ⅰ. ①稻… Ⅱ. ①武… Ⅲ. ①水稻－病虫害预测预报②小麦－病虫害预测预报③油菜－病虫害预测预报 Ⅳ. ①S431

中国版本图书馆 CIP 数据核字（2020）第 182442 号

中国农业出版社出版
地址：北京市朝阳区麦子店街 18 号楼
邮编：100125
责任编辑：阎莎莎 文字编辑：常梦颖
版式设计：王 晨 责任校对：赵 硕
印刷：中农印务有限公司
版次：2020 年 12 月第 1 版
印次：2020 年 12 月北京第 1 次印刷
发行：新华书店北京发行所
开本：880mm×1230mm 1/32
印张：6.5
字数：175 千字
定价：29.00 元
